高等院校信息技术系列教材

U0187260

大学计算机基础

马桂真　安颖　主编

清华大学出版社

北京

内 容 简 介

本书是以计算思维、数据思维为导向,面向应用型本科院校非计算机专业的大学计算机基础教材。全书共分为 5 章,分别是计算机与计算思维基础、计算机系统基础、计算机应用基础——Office 办公软件高级应用、程序设计基础和 Python 语言基础。本书针对大学一年级学生的特点,由浅入深、循序渐进地引入计算思维、数据思维的概念及计算机相关知识,培养学生对计算机学科的认知,提高学生应用计算思维、数据思维解决实际问题的能力。

本书既可作为高等院校非计算机专业的计算机基础教材,也可作为各类社会培训机构的计算机基础教材。

本书封面贴有清华大学出版社防伪标签,无标签者不得销售。

版权所有,侵权必究。举报:010-62782989,beiqinquan@tup.tsinghua.edu.cn。

图书在版编目(CIP)数据

大学计算机基础/马桂真,安颖主编.—北京:清华大学出版社,2021.8
高等院校信息技术系列教材
ISBN 978-7-302-58285-4

Ⅰ.①大…　Ⅱ.①马…②安…　Ⅲ.①电子计算机-高等学校-教材　Ⅳ.①TP3

中国版本图书馆 CIP 数据核字(2021)第 105892 号

责任编辑:白立军
封面设计:常雪影
责任校对:徐俊伟
责任印制:宋　林

出版发行:清华大学出版社
　　　　　网　　址:http://www.tup.com.cn,http://www.wqbook.com
　　　　　地　　址:北京清华大学学研大厦 A 座　　　　　邮　　编:100084
　　　　　社 总 机:010-62770175　　　　　　　　　　　邮　　购:010-83470235
　　　　　投稿与读者服务:010-62776969,c-service@tup.tsinghua.edu.cn
　　　　　质量反馈:010-62772015,zhiliang@tup.tsinghua.edu.cn
　　　　　课件下载:http://www.tup.com.cn,010-83470236
印 装 者:三河市铭诚印务有限公司
经　　销:全国新华书店
开　　本:185mm×260mm　　　　印　　张:13.75　　　　字　　数:320 千字
版　　次:2021 年 8 月第 1 版　　　　　　　　　　　　印　　次:2021 年 8 月第 1 次印刷
定　　价:49.00 元

产品编号:090263-01

前言

刻木结绳、九章算术、计算机……，计算始终与人类文明相生相伴。如今，人类社会进入数字时代，随着大数据、人工智能、物联网等技术的迅速发展，各种新业态、新模式层出不穷，深刻改变着人们的经济形态和生活方式。在这种背景下，计算机成为人们生活和学习必不可少的工具与助手，计算思维和数据思维也成为人们必备的一项基本技能。

本书针对非计算机专业一年级学生的特点，由浅入深、循序渐进地引入计算思维、数据思维的概念及计算机相关知识，旨在培养学生对计算机学科，对计算思维、数据思维的认知能力及利用计算机解决实际问题的能力。

全书共分5章。第1章由计算机的发展历程、计算机发展新技术，延伸出计算思维与数据思维的概念及如何利用计算思维和数据思维解决实际问题。第2章从硬件系统和软件系统两个角度介绍计算机系统。第3章从应用的角度出发，以实验为导向讨论Office办公软件的高级应用。第4章讨论程序设计基础，也是利用计算思维、数据思维解决实际问题的基础，主要介绍利用计算机解决问题的一般过程与方法，给出计算机、程序、编程语言、算法的概念及相互之间的关系。第5章介绍Python语言基础知识，目的是使学生真正理解运用计算思维、数据思维和编程语言解决实际问题的思路、方法和步骤。全书每一章后面都配备相应的习题，帮助读者加深对本章内容的认知。应用部分可以灵活分配课时，或者以学生课外上机为主完成。

本书编者为计算机基础教学一线教师，基于自身教学经验，结合当前计算机课程教学基本要求，参照计算机技术的最新发展，并以计算机科学与技术专业规范为指导完成本书的编写。

本书由马桂真、安颖担任主编并完成统稿。其中第1章、第4章和第5章由马桂真编写，第2章和第3章由安颖编写。

编者在编写本书的过程中引用、参阅了大量教材和网站资料，在此向资料作者表示衷心的感谢！

　　限于编者水平及时间紧迫,书中难免有不足之处,恳请读者批评指正,以使其更加完善。

编　者

2021 年 2 月

目录

contents

The top right shows "目 录 V"

第1章

计算机与计算思维基础

当今是大数据与人工智能的时代,但归根到底是计算机的时代。计算机技术是科技领域的一项重大发明,它改变了现代社会的发展模式与发展进程,在数据管理、科学计算、过程控制、人工智能、网络应用及辅助应用等方面发挥了重要作用。计算机最初的诞生主要是基于计算的需要,但是计算机技术发展到现在,已不再局限于计算能力的加强,而更多的是作为信息处理的工具在信息收集、处理、传输能力方面的提高。计算思维与数据思维的提出是计算机学科发展的必然,也是数字时代人类必备的一项基本技能。本章主要内容是了解计算机、计算机新技术与计算思维、数据思维的相关概念及特征,以促使我们更深入、更有效地使用计算机。

1.1 早期的计算工具

人类发明计算机的初衷是解决计算问题。世界上第一台电子计算机从计算工具的意义上来说,是人类传统计算工具在历史新时期的替代物。从原始的结绳记事、手动计算、机械式计算到电动计算,计算工具的发展经历了漫长的过程。现代电子计算机的出现,开创了一个新的计算时代,科学技术的进步也促进了计算工具的快速更新。

1.1.1 手动计算工具

《周易·系辞》云:"上古结绳而治。"《春秋左传集解》云:"古者无文字,其有约誓之事,事大大其绳,事小小其绳,结之多少,随扬众寡,各执以相考,亦足以相治也。"这些古代文献中记载的就是远古时代的结绳记事,即将一根绳子打结来记载曾经发生的事件。结绳记事是一种相对于那个时代,非常先进的计算或记事方式,实际操作非常复杂,烦琐程度堪比现代的一门文字。绳子的材质、绳结的形状、位置、数目和颜色等属性不同,则表示不同的事件。从颜色上,共以 9 种颜色赋予其含义。从材质上,绳子可用动物毛线绳、树皮绳、草绳、麻绳等,各种材质的绳子有几十种。从粗细上,最少能够分成粗、中、细3 种不同规格的绳子。从经纬上,有横向绳子,也有纵向绳子,有主绳,也有支绳。这样,就能构成最基本的几百个绳结词汇,组合起来能够进行完整有效的记载。但结绳记事最大的问题,就是表达烦琐,编制需要时间,而保存又非常困难,能够表达的意思实在有限,所以最终被淘汰。

世界上最早、最有效的计算工具是算筹,如图 1.1 所示。算筹实际上是用多根同样长短和粗细的小棍子,以纵横两种排列方式来表示数目,其中数目 1~5 分别以纵横方式排列相应数目的算筹来表示,数目 6~9 则用上面的算筹再加下面相应数目的算筹来表示。表示多位数时,个位用纵式,十位用横式,百位用纵式,千位用横式,以此类推,就可以用算筹表示出任意的自然数。由于位与位之间纵横变换,且每一位都有固定的摆法,所以既不会混淆,又不会错位。这种算筹计数法和现代通用的十进制计数法完全一致。

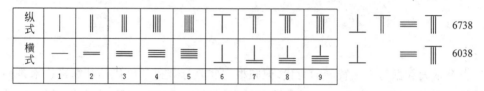

图 1.1　算筹计数示意图

中国古代的算盘已经有了现代计算机的雏形。算盘是第一种手动式计数器,沿用至今。按照当前人们对计算机的严格定义,它必须拥有一套可以运行的指令,而不仅仅是一套计算的硬件工具。中国算盘的口诀就是其运行的指令序列,类似计算机的软件系统。熟悉了这套口诀,运算速度可以远远超过心算和笔算。2013 年 12 月 4 日,联合国教科文组织通过决议,将珠算正式列入人类非物质文化遗产。中国的算盘被称为世界上最古老的计算机,也被誉为当代计算机之母。

算尺,又称为计算尺或对数计算尺,是一种模拟计算机,大约发明于 1620—1630 年。计算尺通常由 3 个互相锁定的有刻度的长条和一个滑动窗口(游标)组成,在 1970 年之前广泛使用,后被电子计算器取代。计算尺可以完成加、减、乘、除、指数、对数、三角函数运算,在 20 世纪五六十年代是工程师的标配,在火箭设计的参数估算和其他计算中完美完成任务;李政道利用一把专用的计算尺,完成了太阳中心温度的计算。计算尺不像电子计算器是高度标准化的,它的精度通常为 3 位。计算尺基于科技水平的限制和快速计算的需求而产生,随着科技水平的发展,被电子计算器和计算机所代替。

1.1.2　机械计算工具

17 世纪是数学和计算工具大发展的黄金时期,机械计算工具的出现是划时代的大事。

1642 年,法国数学家、物理学家、发明家布莱斯·帕斯卡(Blaise Pascal)用齿轮转动原理,造出一台"加法器",通过一种特制的棘轮解决最难的进位问题,可以做加减法。这是世界上第一款不需要知道原理、口诀等就能直接使用的计算工具,虽然只能做加减法,但计算过程不再依赖人的大脑,因此意义重大。

1674 年,德国著名哲学家、数学家戈特弗里德·威廉·莱布尼茨(Gottfried Wilhelm Leibniz,见图 1.2)制造出一个

图 1.2　莱布尼茨

长约 1m 的"乘法器",内部安装了一系列齿轮机构,除了体积较大之外,基本原理继承于帕斯卡的加法器。莱布尼茨通过增加一个"步进轮",解决了进位和连续计算的问题,可以进行加、减、乘、除和开方运算。帕斯卡加法器和莱布尼茨乘法器是手摇计算机的雏形。

1819 年,英国数学家查尔斯·巴贝奇(Charles Babbage)开始设计"差分机",希望将从计算到印刷的过程全部自动化,以避免人为误差。差分机使用有限差分方法来计算多项式函数的值,用重复加减的过程避免需要的乘法和除法。1823 年,巴贝奇在英国政府的资助下开始研制机器,后因经费问题搁置,半成品的差分机连同它的全部图纸,被送至伦敦的皇家学院博物馆保存。1985 年,伦敦科学博物馆按照巴贝奇的图纸,决定打造一台完整的差分机引擎出来,并确保做出来的机器是当时的年代也能完成的,最终证明巴贝奇的设计完全可行。

1834 年,巴贝奇决心设计更强大和通用的机器——分析机,并终其一生都在追寻这个目标。巴贝奇所面临的技术问题,一百年后的第一代计算机工程师也同样面临过。分析机的基本设计于 1837 年 12 月完成。虽然之后许多年巴贝奇继续分析机的设计工作,但是主要原理并没有改动,只有细节和实现在不断改进。分析机称得上是世界上第一台数字计算机,它体现了现代数字计算机几乎所有的功能。表 1.1 为分析机与现代计算机的对比。

表 1.1　分析机与现代计算机的对比

现代计算机	分　析　机
输入	通过打孔卡给机器输入数据和指令
输出	构想打印设备作为基本输出,也考虑过打孔卡输出信息及采用图形化输出设备
内存	通过齿轮式存储库(Store)存储数据
中央处理器	通过运算室(Mill)存储要立即处理的数字(类似于寄存器),操作这些数字进行基本算术运算,控制机制把从外部输入的用户指令翻译为具体内部硬件操作,同步机制以精确时序执行操作

分析机体现了现代电子计算机的结构及设计思想,被称为现代通用计算机的雏形。

1.2　现代计算机的起源

现代计算机的起源,归功于两个方面:一是人类的历史进程;二是数学的发展。在数学领域,莱布尼茨、布尔、图灵和冯·诺依曼的贡献起到了重要作用。

1.2.1　莱布尼茨与二进制数

计算机工作的过程就是自动执行由一系列指令组成的程序的过程。计算机执行处理器指令的通用语言起源于 17 世纪,形式为二进制数字系统,这个系统由莱布尼茨发明。

二进制数字系统只用两个数字(即数字 0 和数字 1)来表示二进制数,基数为 2,进位规则是"逢二进一",借位规则是"借一当二"。现代计算机和依赖计算机的设备基本都使用二进制系统。虽然在当时莱布尼茨的新编码系统没有实际用途,但是他相信有一天机器会使用这些二进制数的长字符串。

莱布尼茨希望建立一套普遍的符号语言,其中符号是表义的,这样就可以像数字一样进行演算。也就是希望将人类的思维像代数运算那样符号化、规则化,从而让人类通过掌握这样的规则变得聪明,更进一步地制造出可以进行思维运算的机器,将人类从思考中解放出来。当时二进制与十进制相比,在计数上没有太大的意义,但是二进制具有逻辑性。除了构想,莱布尼茨为了发展逻辑演算也进行了很多尝试,他得到的一些结果也已经具有后来布尔的逻辑代数雏形。莱布尼茨为微积分所确定的符号在今天依然被使用,他被认为是数理逻辑的创始人。

逻辑是一门探索、阐述和确立有效推理原则的学科,其利用计算的方法来代替人们思维中的逻辑推理过程。逻辑最早由古希腊学者亚里士多德(前 384—前 322)创立。亚里士多德的逻辑学使用自然语言来描述逻辑,称为古典逻辑学。莱布尼茨创建了新的逻辑系统,然而他在应用数学方法的过程中不断遇到困难。

1.2.2　布尔与布尔代数

逻辑代数出现之前,数学和逻辑学已单独发展了多年。英国著名数学家和逻辑学家乔治·布尔(George Boole,见图 1.3),通过"逻辑代数"这一概念,将两个学科结合在了一起。布尔在 1847 年发表的《逻辑的数学分析》和 1854 年发表的《思维规律研究》两本著作中,首先提出了"逻辑代数"的基本概念和性质,建立了一套符号系统,用来表示逻辑中的各种概念,并从一组逻辑公理出发,像推导代数公式那样来推导逻辑定理。"逻辑代数"也称为"布尔代数"。

图 1.3　乔治·布尔

布尔用数学方法研究逻辑问题,成功地建立了逻辑演算。他用等式表示判断,把推理看作等式的变换。这种变换的有效性不依赖人们对符号的解释,只依赖于符号的组合规律。20 世纪 30 年代,逻辑代数在电路系统上获得应用,随后出现的各种复杂系统,其变换规律也遵守布尔所揭示的规律。

逻辑代数(布尔代数)虽为数学,但与普通数学有着本质的区别。它研究的对象只有 0 和 1 两个数码。逻辑常量只有 0 和 1 两个,用来表示两个对立的逻辑状态。

参与逻辑运算的变量叫逻辑变量。逻辑变量可以用字母、符号、数字及其组合来表示,逻辑变量的取值只有两个,即 0 和 1,这里 0 和 1 不表示数的大小,而是代表两种不同的逻辑状态。逻辑变量是二值的,因此又称它为二值逻辑。这种二值逻辑为计算机的二进制数、开关逻辑电路的设计与简化铺平了道路,并为采用二进制理论的数字计算机提供了理论基础。

逻辑代数中定义了 3 种基本逻辑运算:逻辑与(and)、逻辑或(or)、逻辑非(not)。逻辑运算通常用来测试真(1)假(0)值。逻辑运算如表 1.2 所示。

表 1.2　逻辑运算

A	*B*	*A* and *B*	*A* or *B*	not *A*
0	0	0	0	1
0	1	0	1	1
1	0	0	1	0
1	1	1	1	0

　　在多种计算机编程语言(如 C++、Python)中,都具有布尔类型的变量,同时还提供关系运算,关系运算的结果是布尔值(True 或 False),后面章节会有详细讲解。

　　布尔代数广泛应用于数学、电子学、计算机软硬件、图像处理、人工智能、科学计算等领域。在数字电路设计中,0 和 1 与数字电路中某个位的状态对应,例如高电平、低电平。计算机的网络设置中,利用计算机的二进制特性,将子网掩码与本机 IP 地址进行逻辑与运算,可以得到计算机的网络地址和主机地址。图像处理领域,按照一定的规则,将数字图像中所有像素的值划分为 0 或 1,生成布尔值图像。网络搜索引擎中,最简单的索引结构是用一个很长的二进制数表示一个关键字是否出现在某篇文献中,有多少篇文献就有多少位二进制,每一位对应一个文献,1 代表相应文献有该关键字,0 代表没有。假设"人工智能"对应的二进制数是 0100100010000001…,则表示第二、五、九、十六篇文献包含该关键字;同样假定"应用"对应的二进制数是 00101001100000001…,那么要找包含"人工智能"和"应用"的文献时,只要将这两个二进制数进行逻辑与(and)运算即可。

1.2.3　图灵与图灵机

　　图灵机,又称图灵计算、图灵计算机,是由英国数学家艾伦·麦席森·图灵(Alan Mathison Turing,见图 1.4)提出的一种抽象计算模型,即将人们使用纸笔进行数学运算的过程抽象,由一个虚拟的机器替代人们进行数学运算。

　　1900 年,当时著名的大数学家希尔伯特在世纪之交的数学家大会上给国际数学界提出了著名的 23 个数学问题。其中第 10 个问题是:是否存在一种有限的、机械的步骤能够判断"丢番图方程"(Diophantine Equation)是否存在解?简单的解释就是:随便给定一个不确定的方程,是否通过有限的步骤运算,能够判断这个方程是否存在整数解。

　　这里提出的"有限的、机械的步骤",其实就是算法。但在当时,人们还不知道"算法"是什么。实际上,当时数学领域中已经有很多问题都是跟"算法"密切相关的,因而,科学的"算法"定义呼之欲出。到了 19 世纪 30 年代,终于有两个人分别提出了精确定义算法的方法,一个是图灵,另一个

图 1.4　艾伦·麦席森·图灵

是丘奇。

图灵思考的 3 个问题如下。

（1）世界上是否所有的数学问题都有明确的答案？

（2）如果有明确的答案，是否可以通过有限步骤的计算得到答案？

（3）对于那些有可能在有限步骤计算出来的学习问题，是否有一种假想的机器，让它不断运行，最后机器停下来时，那个数学答案就计算出来了？

1936 年 5 月，图灵发表了题为《论可计算数以及在可确定性问题上的应用》的论文，在论文附录中，描述了一种可以辅助数学研究的机器，后来被称为"图灵机"。

图灵机不是具体的机器，而是一种抽象的计算模型，其更抽象的意义为一种数学逻辑机。

图灵机的结构非常简单，主要由纸带、读写头、控制规则和状态存储器组成，如图 1.5 所示。

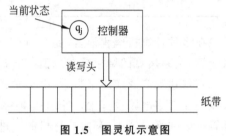

图 1.5　图灵机示意图

（1）一条无限长的纸带（存储带，Tape）。纸带被划分为一个接一个的小格子，每个格子上包含一个来自有限字母表的符号。纸带的两个方向或一个方向潜在无穷长。

（2）一个读写头（Head）。该读写头可以在纸带上左右移动，它能读出当前所指的格子上的符号，并能改变当前格子上的符号。

（3）一个状态存储器。它用来保存图灵机当前所处的状态。图灵机所有可能状态的数目是有限的，并且有一个特殊的状态，称为停机状态。

（4）一套控制规则。它根据当前状态以及当前读写头所指的格子上的符号来确定读写头下一步的动作（左移还是右移），并改变状态存储器的值，令机器进入一个新的状态或保持状态不变。

在图灵机出现之前，可以把计算机定义成一个数据处理器。这种模型下认为计算机是一个接收输入数据、处理数据并产生输出数据的黑盒（见图 1.6）。但是这种模型并没有清楚地说明基于这个模型的机器能够完成操作的类型和数量。该模型可以表示为一种设计用来完成特定任务的专用计算机（或处理器）。而当今计算机是一种通用的机器，它可以完成各种不同的工作。

图灵模型是一个适用于通用计算机的更好的模型。与数据处理模型相比，它增加了一个额外的元素（程序）到不同的计算机器中（见图 1.7），程序是用来告诉计算机对数据进行处理的指令集合。

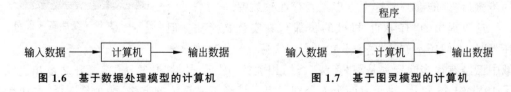

图 1.6　基于数据处理模型的计算机　　　　图 1.7　基于图灵模型的计算机

图灵机中纸带是无限长的,所以只是一个理想的状态。图灵认为这样一台机器就能够模拟人类所能进行的任何计算过程。

图灵机虽然简单,但是具有充分的一般性,为现代计算机的工作方式奠定了基础,具有重要的意义。

(1) 图灵机证明了通用计算理论,肯定了计算机实现的可能性,同时它给出了计算机应有的主要架构。在论文《论可计算数以及在可确定性问题上的应用》中,定义了"有限次运算",用图灵机运算过程定义了"可行的过程",并将其重新命名为算法(Algorithm)。这便是计算机体系结构以及程序算法设计最开始萌芽的地方。

(2) 图灵机模型引入了读写、算法与程序语言的概念,极大地突破了过去的计算机器的设计理念。

(3) 图灵机模型理论是计算学科最核心的理论,因为计算机的极限计算能力就是通用图灵机的计算能力,很多问题可以转化到图灵机这个简单的模型来考虑。

图灵在他的著作里,进一步设计出被称为"通用图灵机"的模型。通用图灵机是对现代计算机的首次描述,该机器只要提供了合适的程序就能做任何运算。可以证明,只要我们提供数据和用于描述如何做运算的程序,计算机和通用图灵机就能进行同样的运算。"通用图灵机"实际上就是现代通用计算机的最原始的模型。今天所有的计算机,包括量子计算机都没有超出图灵机的理论范畴。

1.2.4　冯·诺依曼体系结构

冯·诺依曼体系结构出现之前,计算机是由各种门电路组成的,这些门电路通过组装出一个固定的电路板来执行一个特定的程序,一旦需要修改程序功能,就要重新组装电路板。此时的程序和数据是两个截然不同的概念,数据存放在存储器中,程序是控制器的一部分,这样的计算机计算效率低,灵活性较差。

在 1944—1945 年,美籍匈牙利数学家、计算机科学家、物理学家约翰·冯·诺依曼(John von Neumann)指出,鉴于程序和数据在逻辑上是相同的,因此程序也能存储在计算机的存储器中。1945 年 6 月,冯·诺依曼在著名的"101 报告"中正式提出了存储程序的原理,论述了存储程序计算机的基本概念,在逻辑上完整描述了新机器的结构,这就是冯·诺依曼体系结构。冯·诺依曼体系结构中,将程序编码为数据,与数据一同存放在存储器中。无论什么程序,计算机只需要从存储器中依次取出指令、执行。该体系结构减少了硬件的连接,使得硬件设计和程序设计可以分开执行。冯·诺依曼提出的计算机体系结构,奠定了现代计算机的结构理念。

冯·诺依曼理论的要点:一是数字计算机的数制采用二进制;二是计算机按照程序顺序执行。二进制大幅降低了运算电路的复杂度,为晶体管时代超大规模集成电路的诞生奠定了最重要的基础。

根据冯·诺依曼体系结构构成的计算机,必须具有如下功能。

(1) 必须具有长期记忆程序、数据、中间结果及最终运算结果的能力。

(2) 能够完成各种算术、逻辑运算和数据传送等数据加工处理的能力。

(3) 能够根据需要控制程序走向,并能根据指令控制机器的各部件协调操作。

（4）能够按照要求将处理结果输出给用户。

为了完成以上功能，基于冯·诺依曼体系结构建造的计算机由存储器、控制器、运算器、输入设备和输出设备 5 个基本部件组成（见图 1.8），各部分的功能如下。

（1）存储器用来存储数据和程序，形式上两者没有区别，但是计算机应该能够区分是数据还是程序。

（2）控制器用来控制存储器、运算器、输入设备和输出设备。

（3）运算器进行数字运算或逻辑运算。

（4）输入设备负责从计算机外部接收输入的数据和程序。

（5）输出设备负责将计算机的处理结果输出到计算机外部。

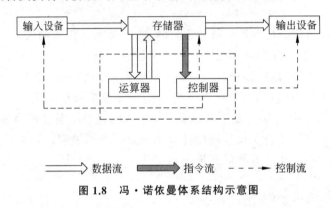

图 1.8　冯·诺依曼体系结构示意图

冯·诺依曼体系结构第一次将存储器和运算器分开，指令和数据均放置于存储器中，为计算机的通用性奠定了基础。

这一结构为计算机大提速铺平了道路，却也埋下了一个隐患：在内存容量以指数级提升以后，CPU 和内存之间的数据传输带宽成为了瓶颈，这就是冯·诺依曼瓶颈。由于指令和数据放在一起，取指令和取数据不能同时进行，否则会引起访存的混乱。CPU 在执行命令时必须先从存储单元中读取数据。一项任务，如果有 10 个步骤，那么 CPU 会依次进行 10 次读取，执行，再读取，再执行……的操作，这就造成了延时，以及大量功耗花费在了数据读取上。当然，多核、多 CPU 或一些常用数据的就地存储在一定程度上会缓解这些问题，但这种中心处理的架构会限制处理能力的进一步发展。

计算机技术发展到今天，CPU 的运算速度已经远远超过了访存速度，但是 CPU 需要浪费时间等数据。也就是说，CPU 再快，也要等内存。

哈佛结构能基本上解决取指令和取数据的冲突问题。哈佛结构是一种将程序指令存储和数据存储分开的存储器结构，是一种并行体系结构，它的主要特点是将程序和数据存储在不同的存储空间中，即程序存储器和数据存储器是两个独立的存储器，每个存储器独立编址、独立访问。哈佛结构执行指令效率高，但是很难操作修改指令，软件不好升级。

此外，光子计算机、数据流计算机以及量子计算机等都将逐渐克服冯·诺依曼体系结构上的缺陷。

1.3　现代计算机的发展

1.3.1　现代计算机的发展阶段

第一台通用电子计算机于 1946 年设计完成,被称为 ENIAC(Electronic Numerical Integrator and Computer),即电子数字集成器和计算器。ENIAC 利用了将近 18 000 个集成块,长 30.48m,宽 6m,高 2.4m,占地面积 170m^2,重达 30t,可进行 5000 次每秒的加法运算。它是图灵完备的电子计算机,能够重新编程,解决各种计算问题。ENIAC 诞生后,冯·诺依曼提出重大的理论改进,即冯·诺依曼体系结构。

第一台基于冯·诺依曼体系结构的计算机于 1950 年在宾夕法尼亚大学诞生,被命名为 EDVAC(Electronic Discrete Variable Automatic Computer)。

1950 年以后出现的通用计算机基本都是基于冯·诺依曼体系结构。虽然它们变得速度更快、体积更小、价格更便宜,但原理几乎是相同的。人们将这之后的计算机的发展分为几个发展阶段,每一阶段计算机的改进主要体现在软件或硬件方面,而不是体系结构。

1. 第一代计算机(1946—1957 年)——电子管计算机

第一代计算机的基本电子元件为电子管,内存采用水银延迟线,外存储器主要采用磁鼓、纸带、卡片和磁带等。由于电子技术的限制,运算速度只是几千至几万次每秒的基本运算,内存容量仅几千字节。这一代计算机体积大,耗电多,运算速度较低,存储容量不大,价格昂贵,使用也不方便,仅限于一些军事和科研部门进行科学计算。软件采用机器语言,后期采用汇编语言。

2. 第二代计算机(1958—1964 年)——晶体管计算机

第二代计算机的基本电子元器件是晶体管,内存储器大量使用磁性材料制成存储器。用晶体管代替真空管,既减少了计算机的体积,也节省了开支,从而使中小型企业也可以负担得起。FORTRAN 和 COBOL 两种高级计算机程序设计语言的出现使得编程更加容易。高级编程语言将编程任务和计算机运算任务分离开来,编程人员能够直接编写一个程序解决问题,而不必涉及计算机结构中的具体细节。

3. 第三代计算机(1965—1970 年)——中小规模集成电路计算机

第三代计算机的主要特征是以中小规模集成电路(晶体管、导线以及其他部件做在一块单芯片上)为电子器件,体积、功耗均显著减少,可靠性大大提高,运算速度为几十万至上千万次每秒。出现了操作系统,使计算机的功能越来越强,应用范围越来越广。此时计算机不仅用于科学计算,还用于文字处理、企业管理、自动控制等领域,出现了计算机技术与通信技术相结合的信息管理系统,可用于生产管理、交通管理、情报检索等领域。这一时期小型计算机出现在市场,封装的程序也已经有售,小型公司可以购买需要的软件包,而不必自己编写程序,软件行业就此诞生。

4. 第四代计算机(大约 1971 年至今)——大规模和超大规模集成电路计算机

第四代计算机采用大规模集成电路和超大规模集成电路为主要电子器件,运算速度已超过几千万次每秒。大规模和超大规模集成电路技术的发展,进一步缩小了计算机的体积,降低了功耗,增强了计算机的性能,多机并行处理与网络化是第四代计算机的又一重要特征,大规模并行处理系统、分布式系统、计算机网络研究与实施进展迅速,系统软件的发展不仅实现了计算机运行的自动化,而且正在向工程化和智能化迈进。

5. 第五代计算机(大约 1981 年至今)——智能计算机

第五代计算机是把信息采集、存储、处理、通信同人工智能结合在一起的智能计算机系统。它能进行数值计算或处理一般的信息,主要能面向知识处理,具有形式化推理、联想、学习和解释的能力,能够帮助人们进行判断、决策、开拓未知领域和获得新的知识。人机之间可以直接通过自然语言(声音、文字)或图形图像交换信息。

第五代计算机的基本结构通常由问题求解与推理、知识库管理和智能化人机接口 3 个基本子系统组成。智能计算机使得计算机不仅具有计算、加工、处理等能力,还能够像人一样可以"看""说""听""想"和"做",具有思考与逻辑推理、学习与证明的能力。未来的智能型计算机将会代替甚至超越人类某些方面的脑力劳动。

6. 第六代计算机(1983 年至今)——生物计算机

半导体硅晶片的电路密集、散热问题难以彻底解决,影响了计算机性能的进一步发挥与突破。研究人员发现,脱氧核糖核酸(DNA)的双螺旋结构能容纳巨量信息,其存储量相当于半导体芯片的数百万倍。一个蛋白质分子就是存储体,而且阻抗低、能耗小、发热量极低。基于此,利用蛋白质分子制造出基因芯片,研制生物计算机(也称分子计算机、基因计算机)已成为当今计算机技术的最前沿。生物计算机比硅晶片计算机在速度、性能上有质的飞跃,被视为极具发展潜力的第六代计算机。生物计算机也有自身难以克服的缺点,其中最主要的就是从中提取信息困难,这也是生物计算机没有普及的最主要原因。

1.3.2 计算机的分类

计算机的种类很多,可以从不同的角度对其进行分类,现在常用的分类方法如图 1.9 所示。

1. 按照信息表示的形式和处理方式分类

(1)数字计算机。数字计算机中的所有信息以二进制数表示,具有逻辑判断等功能,是以近似人类大脑的"思维"方式进行工作。它的计算精度高、抗干扰能力强。人们日常使用的计算机就是数字计算机。

(2)模拟计算机。模拟计算机处理的是连续变化的模拟量,例如电压、电流、温度等

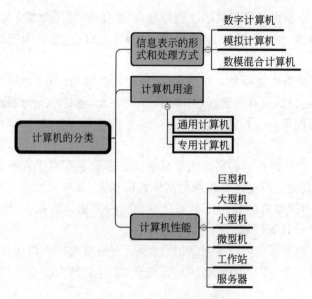

图 1.9　计算机的分类示意图

物理量的变化,基本运算部件为运算放大器。模拟计算机的计算速度快、精度低、通用性差,主要用于过程控制,已基本被数字计算机替代。

(3) 数模混合计算机。它是数字计算机和模拟计算机的结合。

2. 按照计算机用途分类

(1) 通用计算机。通用计算机的硬件系统是标准的,并具有可扩展性,装上不同的软件就可做不同的工作。通用计算机广泛适用于一般科学运算、学术研究、工程设计和数据处理等,具有功能多、配置全、用途广、通用性强的特点,市场上销售的计算机多属于通用计算机。

(2) 专用计算机。专用计算机是为适应某种特殊需要而设计的计算机,通常增强了某些特定功能,忽略一些次要要求,所以专用计算机能高速度、高效率地解决特定问题,具有功能单纯、使用面窄甚至专机专用的特点。例如,控制智能家居的计算机、工业用计算机和机器人都属于专用计算机。

3. 按照计算机性能分类

按照计算机运算速度、存储容量、功能及软硬件的配套规模等不同,又可分为巨型机、大型机、小型机、微型机、工作站和服务器几大类。

(1) 巨型机。巨型机又称超级计算机、高性能计算机,它是所有计算机中性能最高、功能最强、速度极快、存储量巨大、结构复杂、价格昂贵的一类计算机。

(2) 大型机。大型机是计算机中通用性能最强,功能、速度、存储量仅次于巨型机的一类计算机,国外习惯上将其称为主机。大型机具有比较完善的指令系统和丰富的外部设备、很强的管理和处理数据的能力,一般用在大型企业、金融系统、高校、科研院所等。

（3）小型机。小型机是计算机中性能较好、价格便宜、应用领域非常广泛的一类计算机。小型机结构简单、使用和维护方便，备受中小企业欢迎，主要用于科学计算、数据处理和自动控制等。

（4）微型机。微型机也称为个人计算机，是应用领域最广泛、发展最快、人们最感兴趣的一类计算机，它以其设计先进、软件丰富、功能齐全、体积小、价格便宜、灵活、性能好等优势而拥有广大的用户。目前，微型机已广泛应用于办公自动化、信息检索、家庭教育和娱乐等方面。

（5）工作站。工作站是一种高档微型机系统。通常它配有大容量的主存、高分辨率大屏幕显示器、较高的运算速度和较强的网络通信能力，具有大型机或小型机的多任务、多用户能力，且兼有微型机的操作便利和良好的人机界面。因此，工作站主要用于图像处理和计算机辅助设计等领域。

（6）服务器。服务器是可以被网络用户共享、为网络用户提供服务的一类高性能计算机。一般都配置多个 CPU，有较高的运行速度，并具有超大容量的存储设备和丰富的外部接口。

1.4　计算机发展新技术

伴随着全球信息化步伐的加快，人们已经进入了信息时代，各种新的理论、新的技术、新的应用层出不穷。限于篇幅，本节仅选取部分技术做简单阐述，感兴趣的读者可依此为线索，进一步深入学习。

1.4.1　高性能计算

高性能计算（High Performance Computing，HPC）指使用多个处理器或某一集群中多台计算机的计算系统和环境，是计算机科学的一个分支。高性能计算又称为超级计算，高性能计算机称为超级计算机或巨型机。

高性能计算是支撑国家实力持续发展的关键技术之一，在保障国家安全、推动国防科技进步、促进尖端武器发展和国民经济建设中占有重要的战略地位，是衡量一个国家综合实力的重要标志之一。

在国家对高性能计算的大力支持下，我国的高性能计算技术发展势头良好。2010年，由国防科技大学研制的"天河一号"取代美国的"美洲虎"在第 36 届世界高性能计算机 500 强排名中位居世界第一，拿下了首个世界冠军；2013 年，中国的"神威·太湖之光"成为第一台全部采用国产处理器构建的世界第一的高性能计算机。从 2013 年到 2017年，超算巅峰始终被中国占据。2018 年 7 月，中国自主研发的"天河三号"E 级原型机在国家超算天津中心完成研制部署。截至 2020 年，科技部批准建立的国家超级计算中心共有 8 所，成为世界上高性能计算机数量最多的国家。高性能计算已经成了除高铁、航天之外，中国向世界展示的第三张名片。

高性能计算领域所关注的核心问题是利用不断发展的并行处理单元以及并行体系

架构来实现高性能并行计算,把一个大的问题根据一定的规则分为许多小的子问题,在集群内的不同节点上进行计算,而这些小问题的处理结果,经过处理可合并为原问题的最终结果。

高性能计算技术涉及大规模集群架构设计、处理器技术、高速通信技术、大规模存储技术、分布式软件设计技术、算法设计等多个技术领域。近年来,随着大数据、云计算技术的发展,高性能计算中广泛使用的大规模集群技术已在大数据架构中得到成功的应用,高性能计算技术的研究领域被拓展为面向计算的高性能计算和面向数据的高性能计算。同时近期超融合架构的提出,集群环境下计算和存储也正在走向融合,高性能计算技术的边界正在快速拓宽,应用领域也向人们的日常生活渗透。例如,大型互联网企业的客户行为分析和产品推荐系统都大量采用了面向数据的高性能计算技术,从而实现了对客户行为的快速反应。

1.4.2 云计算

1. 什么是云计算

云计算由谷歌公司首席执行官埃里克·施密特在 2006 年 8 月的搜索引擎大会上首次提出。云计算自身是一个概念,而不是指某项具体的技术或标准,不同的人从不同的角度出发会有不同的理解。总结来看,云计算是一种模式,支持根据需要通过网络方便地访问可配置的计算资源(例如网络、服务器、存储器、应用和服务)的共享池,该池可通过最少的管理工作或服务提供商干预进行快速配置和交付。

不同于传统的计算机,云计算引入了一种全新的、方便人们使用计算资源的模式,让人们方便、快捷地自主使用远程计算资源。

计算资源所在地称为云端(也称为云基础设施),输入输出设备称为云终端,两者通过计算机网络连接在一起。

云端和云终端之间是标准的 C/S 模式,即客户端/服务器模式,客户通过网络向云端发送请求消息,云端计算处理后返回结果。云计算的可视化模型如图 1.10 所示。

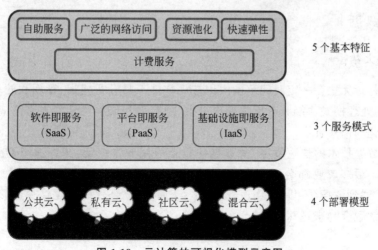

图 1.10 云计算的可视化模型示意图

2. 云计算的核心技术

云计算是一种以数据和处理能力为中心的密集型计算模式,它融合了多项信息通信技术,其中以虚拟化技术、分布式数据存储技术、分布式并行编程、大规模数据管理技术、信息安全技术、绿色节能技术等最为关键。

(1) 虚拟化技术。虚拟化是云计算最重要的核心技术之一,它为云计算服务提供基础架构层面的支撑。从技术上讲,虚拟化是一种在软件中仿真计算机硬件,以虚拟资源为用户提供服务的计算形式。旨在合理调配计算机资源,使其更高效地提供服务。虚拟化的最大好处是增强系统的弹性和灵活性,降低成本,改进服务,提高资源利用效率。

(2) 分布式数据存储技术。传统的网络存储系统采用集中的存储服务器存放所有数据,不能满足大规模存储应用的需要。分布式网络存储系统采用可扩展的系统结构,利用多台存储服务器分担存储负荷,利用位置服务器定位存储信息,不但提高了系统的可靠性、可用性和存取效率,而且易于扩展。

(3) 分布式并行编程。云计算项目中分布式并行编程模式将被广泛采用。分布式并行编程模式创立的初衷是更高效地利用软硬件资源,让用户更快速、更简单地使用应用或服务。在分布式并行编程模式中,后台复杂的任务处理和资源调度对于用户来说是透明的,这样用户体验能够大大提升。

(4) 大规模数据管理技术。处理海量数据是云计算的一大优势,所以高效的数据处理技术也是云计算不可或缺的核心技术之一。由于云计算需要对海量的分布式数据进行处理、分析,因此数据管理技术必须能够高效地管理大量的数据。

(5) 信息安全技术。调查数据表明,安全已经成为阻碍云计算发展的最主要原因之一。要想保证云计算能够长期稳定、快速发展,安全是首先需要解决的问题。

(6) 绿色节能技术。节能环保是全球整个时代的大主题。云计算以低成本、高效率著称。云计算具有巨大的规模经济效益,在提高资源利用效率的同时,节省了大量能源。绿色节能技术已经成为云计算必不可少的技术,未来越来越多的节能技术还会被引入云计算中来。

1.4.3　大数据

1. 认识大数据

大数据是指无法在一定时间范围内用常规软件工具进行捕捉、管理和处理的数据集合,是需要新处理模式才能具有更强的决策力、洞察力和流程优化能力来适应海量、高增长率和多样化的信息资产。

随着大数据技术的快速发展,大数据的行业应用非常广泛,正加速渗透到经济社会的方方面面。很多产业都会用到大数据,与大数据结合紧密的行业正在从传统的电信业、金融业扩展到政务、零售、健康医疗、工业、交通物流、环保和文化体育等领域,大数据与实体经济的融合越来越深入。

2. 大数据的计量单位

在研究和应用大数据时经常会接触到数据存储的计量单位,而随着大数据的产生,数据的计量单位也在逐步发生变化,GB、TB 等常用单位已无法有效地描述大数据,典型的大数据一般会用到 PB、EB、ZB 这 3 种单位。数据管理中,所有的数据单位包括 bit、Byte、KB、MB、GB、TB、PB、EB、ZB、YB、BB、NB、DB,它们按照进率 $1024(2^{10})$ 来计算。

3. 大数据的特点

大数据的特点可以概括为 5 个 V:大体量(Volume)、时效性(Velocity)、多样性(Variety)、大价值(Value)和准确性(Veracity)。

(1) 大体量:大数据计量单位为 PB 级别,一些大企业的数据量已经接近 EB 量级。

(2) 时效性:很多大数据需要在一定的时间限度下得到及时处理。

(3) 多样性:大数据包括各种格式和形态的数据。不仅是文本形式,更多的是图片、视频、音频、地理位置信息等多类型的数据。

(4) 大价值:大数据中包含很多有价值的信息,通过大数据挖掘与分析完成价值的"提纯",将会为人们带来巨大的商业价值。

(5) 准确性:大数据处理的结果要保证一定的准确性。

4. 大数据的核心技术

大数据采集、大数据预处理、大数据存储和大数据分析是大数据生命周期里最核心的技术。

(1) 大数据采集。大数据采集是对各种来源的结构化和非结构化海量数据进行的采集,主要有数据库采集、网络数据采集和文件采集几种方式。

(2) 大数据预处理。大数据预处理指的是,在进行数据分析之前,先对采集到的原始数据进行诸如清洗、填补、平滑、合并、规格化、一致性检验等一系列操作,旨在提高数据质量,为后期分析工作奠定基础。数据预处理主要包括 4 个部分:数据清理、数据集成、数据转换和数据规约。

(3) 大数据存储。指的是用存储器以数据库的形式存储采集到的数据的过程。大数据存储主要包括 3 种典型路线:基于大规模并行处理(MPP)架构的新型数据库集群、基于分布式系统基础架构(Hadoop)的技术扩展和封装以及大数据一体机。

(4) 大数据分析。是对杂乱无章的数据进行萃取、提炼和分析的过程,技术包括数据挖掘算法、数据质量管理、语义引擎、预测性分析及数据可视化分析等。

1.4.4　人工智能

1. 认识人工智能

人工智能(Artificial Intelligence)是研究和开发智能机器与智能系统,用于模拟人类的智能活动、延伸和扩展人的智能的理论、方法、技术及应用系统的一门综合性科学。人工智能是计算机技术发展到高级阶段,融合了数学、统计学、概率、逻辑、伦理等多学科于一身的复杂系统。如何让计算机能像人类一样进行思考并利用现有的知识进行学习和逻辑推理,是人工智能试图实现的目标。

有人推测人工智能的发展将经历 3 个阶段:弱人工智能、强人工智能和超级人工智能。

(1) 弱人工智能其实并不具备思考的能力,并不能真正地去推理问题,去解决问题,缺乏泛化能力。例如战胜李世石的 AlphaGo,虽然它很强大,但它只能是在特定领域、既定规则中,表现出强大的智能,所以属于弱人工智能。

(2) 强人工智能就是自己能够推理问题,自己能够独立解决问题的人工智能。强人工智能,不受领域、规则限制,只要是人类能干的事情,它都能干。强人工智能才是真正意义上的人工智能。

(3) 超级人工智能就是远远超越人类的智能。拥有人的思维,有自己的世界观、价值观,会自己制定规则,拥有人的本能,拥有人的创造力,并且具备比人类思考效率和质量高无数倍的大脑。

目前的人工智能还处于弱人工智能时代。强人工智能的发展不仅受脑科学等技术问题的制约,更会涉及伦理、法律等问题,还有深植于人类内心的对于未知的恐惧等多种因素的影响,这些都有可能成为强人工智能研究的巨大阻力。

2. 人工智能的特点

人工智能系统之所以称为人工智能,应具有以下 3 个方面的特点:强大的计算力、较强的感知能力、良好的自适应和学习能力。

(1) 强大的计算力。指按照人类设定的软件算法、通过芯片等硬件载体来运行或工作,其本质体现为计算。通过对数据的采集、加工、处理、分析和挖掘,形成有价值的信息流和知识模型,为人类提供延伸能力的服务。当前随着人工智能算法模型的复杂度和精确度越来越高,互联网和物联网产生的数据呈几何倍数增长,在数据量和算法模型的双层叠加下,人工智能对数据进行整合与分析的需求量越来越大,要求越来越高。计算力已成为评价人工智能研究成本的重要指标。

(2) 较强的感知能力。人工智能系统能够借助传感器等器件,通过听觉、视觉、触觉等感知系统接收来自外界环境的各种信息。借助于文字、声音、语音、图形、图像的输入、采集、识别、合成和输出等系统,使机器设备越来越"理解"人类,实现人与机器间的交流互动、共同协作,达到优势互补的目的,让人工智能系统去完成一些比较复杂的、重复性强、危险性高的任务,而人类则去做需要创造性、灵活性、洞察力和想象力以及用心领悟或需要情感投入的工作。

(3) 良好的自适应和学习能力。在现实生活中任何事情,确定性是相对的,不确定性是绝对的。因此,智能系统应该具有很强的不确定性处理能力,即具有一定的随环境、数据或任务变化而自动调整参数或更新优化模型的能力;具备在与环境交互过程中动态学习、不断进化和迭代更新的学习能力,使系统具有适应性、灵活性和扩展性,来应对不断变化的现实环境。

3. 人工智能的核心技术

人工智能的基础理论科学包括计算机科学、逻辑学、生物学、心理学及哲学等众多学科。人工智能的核心技术包括计算机视觉、机器学习、自然语言处理和语音识别等。

（1）计算机视觉。计算机视觉的最终目标是让计算机能够像人一样通过视觉来认识和了解世界，它主要是通过算法对图像进行识别分析。目前计算机视觉最广泛的应用是人脸识别和图像识别。相关技术包括图像分类、目标跟踪和语义分割。

（2）机器学习。机器学习使用算法来解析数据、从中学习，然后对真实世界中的事件做出决策和预测。与传统的为解决特定任务硬编码的软件程序不同，机器学习是用大量的数据来"训练"，通过各种算法从数据中学习如何完成任务。机器学习中需要解决的最重要的 4 类问题是预测、聚类、分类和降维。

（3）自然语言处理。自然语言处理是指计算机拥有识别理解人类文本语言的能力，是计算机科学与人类语言学的交叉学科。自然语言处理代表了人工智能的最终目标。机器若想实现真正的智能，自然语言处理是必不可少的一环。自然语言处理分为语法语义分析、信息抽取、文本挖掘、信息检索、机器翻译、问答系统和对话系统 7 个方向。自然语言处理主要有 5 类技术，分别是分类、匹配、翻译、结构预测及序列决策过程。

（4）语音识别。现在人类对机器的运用已经到了一个极高的状态，所以人们对于机器运用的便捷化也有了依赖。采用语言支配机器的方式是一种十分便捷的形式。语音识别技术是将人类的语音输入转换为一种机器可以理解的语言，或者转换为自然语言的一种过程。

随着人工智能的发展，人工智能技术的应用将会越来越深入地渗透到人们的社会生活中，小到语音搜索、人脸识别，大到无人驾驶汽车、航空卫星等。在未来，人工智能将会最大程度地将人类从烦琐、重复、危险的工作中解放出来，让人们的生活变得更加便捷、舒适。

1.4.5　物联网

1. 认识物联网

物联网是指通过各种信息传感器、射频识别技术、全球定位系统、红外感应器、激光扫描器等各种装置与技术，实时采集任何需要监控、连接、互动的物体或过程，采集其声、光、热、电、力学、化学、生物、位置等各种需要的信息，通过各类可能的网络接入，实现物与物、物与人的泛在连接，实现对物品和过程的智能化感知、识别和管理。

物联网是在互联网的基础上进一步延伸和扩展而得到的网络，它将各种信息识别、感知、定位等设备与互联网结合起来形成一个巨大的网络，给予每个联网的物品一个身份，把物品的状况转换为各种参数上传到互联网上，实现在任何时间、任何地点，人、机、物之间信息的互联互通。

2. 物联网的特点

与传统的互联网相比，物联网有其鲜明的特点，即全面感知、可靠传输和智能处理。

（1）全面感知。物联网连接的是物，需要能够感知物，赋予物智能，其感知方式是在物联网上部署了海量的多种类型的传感器，每个传感器都是一个信息源，不同类别的传感器所捕获的环境信息内容和信息格式不同，例如声音、图像、温度、湿度、二维码等。传感器获得的是实时更新的数据。

（2）可靠传输。物联网通过感知设备收集的各类信息需要通过可靠的传输网络实时准确地传递出去。因此，物联网信息的传输要具有抗干扰、防病毒、防攻击能力。同时要兼容各种异构网络和协议，保证海量信息正确及时地传输。

（3）智能处理。通过物联网中各种传感设备可以实现信息远程获取，其本身也具有智能处理的能力。物联网利用大数据、云计算、模式识别等各种智能技术，将传感器获得的海量信息进行分析、加工和处理，得到有意义的数据，实现对物品的智能控制。将传感器和智能处理相结合，扩充了物联网的应用领域和应用模式。

3. 物联网行业关键技术

（1）射频识别技术（Radio Frequency Identification，RFID）。RFID 是一种通信技术，可通过无线电信号识别特定目标并读写相关数据。它相当于物联网的"嘴巴"，负责让物体说话。其主要表现形式是 RFID 标签。在物流、交通、身份识别、防伪等领域都有广泛应用。

（2）传感器技术。传感器相当于物联网的"耳朵"，负责接收物体"说话"的内容。例如利用传感器可以采集温湿度、电压、电流，并按照一定的规律将其转换成可用的输出信号。其技术难点在于恶劣环境的考验，当受到自然环境中温度等因素的影响，会引起传感器零点漂移和灵敏度的变化。

（3）人工智能技术。人工智能技术相当于物联网的"大脑"，负责学习与思考。物联网和人工智能密不可分，物联网负责将物体连通，而人工智能负责让连接起来的物体学习，进而使物体实现智能化。

（4）云计算。云计算提供强大的存储能力和密集计算力，来支持海量数据资源的动态管理和智能模型的高性能学习。其技术实现是基于互联网进行相关服务的推送、使用和交付。通过这种方式，云中共享的软硬件资源和信息可以按需提供给计算机各种物联网终端和设备。

4. 物联网、大数据、云计算和人工智能

物联网、大数据、云计算和人工智能是四位一体发展的，未来智能时代的基础设施、核心架构将基于这 4 个层面。4 者的云端互连关系如图 1.11 所示。在这 4 个层面中，物联网主要负责各类数据的自动采集；大数据是各种物联网节点获取的感知信息，数据规模达到一定级别后，需要云计算进行记忆和存储，反过来云计算的并行计算能力也促进了大数据的高效智能化处理；基于大数据、机器学习的人工智能是最终获得的价值规律、认知经验和知识智慧；人工智能模型的训练需要大规模云计算资源的支持，构建的智能模型也能反作用于物联网，更优化、更智能地控制各种物联网前端设备，而这个过程中的数据、指令交互和应用部署也是一种典型的云端互连架构。

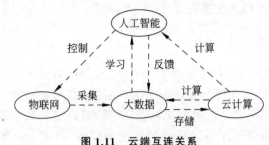

图 1.11　云端互连关系

1.4.6　区块链

1. 认识区块链

当前互联网上的贸易几乎都需要借助可信赖的第三方信用机构来处理电子支付信息。这类系统受制于"基于信用的模式"。

区块链是一种新的信息与网络技术，它采用加密、哈希和共识机制来保证网络中每个节点所记录的信息（也称为分布式账本）真实有效。区块链基于密码学而不基于信用，使得任何达成一致的双方直接支付，不需要第三方参与。

区块链被认为是下一代云计算的雏形，有望实现从目前的信息互联网向价值互联网的转变。麦肯锡的研究表明，区块链技术是继蒸汽机、电力、信息和互联网科技之后，目前最有潜力触发第五轮颠覆性革命浪潮的核心技术。

2. 区块链的特点

区块链具有去中心化、信息高度透明、不易被恶意篡改、匿名性等特点，这些特征奠定了区块链技术的"信任"基础。

（1）去中心化。去中心化是区块链最突出、最本质的特征。区块链技术不依赖额外的第三方管理机构或硬件设施，实现人与人之间点对点的交易和互动。以在淘宝购买一件商品为例，交易过程中，支付宝充当了中间环节，如果哪个环节出现问题，可以通过支付宝寻求帮助，这就是一个基于中心化思维构建的交易模式。但是，如果支付系统出现重大问题，可能丢掉消费者的转账记录，支付宝也无从查起，造成经济损失。区块链的去中心化使得交易过程中买家和卖家有相同的账本记录，即使支付宝的账本服务器损坏，数据也可以追溯。

（2）信息高度透明。区块链技术基础是开源的，除了交易各方的私有信息被加密外，区块链的数据对所有人开放，任何人都可以通过公开的接口查询区块链数据和开发相关应用，因此整个系统信息高度透明。

（3）不易被恶意篡改。使用区块链技术交易过后会产生交易编号，这些信息经过验证被添加至区块链，并在系统上永久存储。只要不能掌控全部数据节点的 51%，就无法肆意操控修改网络数据，而获取 51% 的节点数据的计算量庞大到几乎不可能实现。这使得区块链数据稳定性和可靠性都非常高，具有超强的容灾、容错、耐攻击的能力。

（4）匿名性。除非有法律规范要求，单从技术上来讲，各区块节点的身份信息不需要

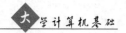
公开或验证,信息传递可以匿名进行。

3. 区块链关键技术

(1)点对点技术(P2P)。点对点技术,又称为对等网络技术。网络中的参与者共享自己的计算能力和带宽,通过网络提供服务和内容,其他对等点可以直接访问这些共享资源而无需中间实体。各节点之间相互独立、平等,节点之间的存储一致性依靠共享机制来保证。P2P 网络协议是所有区块链的最底层模块,负责交易数据的网络传输和广播、节点发现和维护。通常我们所用的都是比特币 P2P 网络协议模块,它遵循一定的交互原则。例如,初次连接到其他节点会被要求按照握手协议来确认状态,在握手之后开始请求 Peer 节点的地址数据以及区块数据。

(2)共识算法。由于区块链是分布式账本,因此需要由共识算法来保证区块链上各个节点账本数据的一致性。区块链领域多采用工作量证明算法(PoW)、权益证明算法(PoS),以及代理权益证明算法(DPoS),这是 3 种业界主流的共识算法。

(3)加密签名算法。分布式的区块链网络架构中,通过加密算法对区块链交易数据的编码解码、区块头摘要、交易区块主体进行确认,以确保数据的传输和接收安全有效,避免被恶意攻击和篡改。在区块链领域,应用最多的是哈希算法。哈希算法具有抗碰撞性、原像不可逆、难题友好性等特征。

(4)智能合约。所谓智能合约是一个根据预先定义好的规则和条款,允许在没有第三方的情况下自动执行的计算机程序,是基于区块链信息的不可篡改性而建立的数字化承诺。该程序描述了交易双方之间的协议规定,在满足条件的情况下,程序将会被触发自动执行交易。

随着区块链的大规模应用,完善区块链治理、制定统一的区块链标准,已成为行业的共识。随着政策的大力扶持、技术的不断优化、应用的持续拓展和治理的逐渐完善,区块链将全面迈向新阶段。

1.5 计算思维与数据思维

计算思维通过广义的计算来描述各类自然过程和社会过程,从而解决各个学科的问题。随着大数据技术的快速发展,利用大数据解决复杂问题成为一种共识,数据思维重新回到思维认知的高度。数字时代,计算思维和数据思维代表一种普遍的认知和一类普适的技能,应该成为每个人都需要掌握的基本技能。

1.5.1 计算思维

荷兰计算机科学家艾兹格·W·迪杰斯特拉(Edsger Wybe Dijkstra)说过:"我们使用的工具影响着我们的思维方式和思维习惯,从而也将深刻影响着我们的思维能力"。计算及计算工具的发展也同样使得人类的思维方式发生了相应的改变。计算生物学利用计算机语言和数学逻辑构建、描述并模拟出生物世界,运用计算机的思维解决生物问题;计算社会科学运用计算机建立模型、模拟分析社会现象;计算经济学则利用计算机研究人和社会的经济行为。运用计算机科学的基础概念求解和理解人类行为,在各行各业得到广泛的应用。计算思维已成为各个专业求解问题的基本途径。

1. 计算思维的定义

"计算思维"这一概念于 20 世纪 50 年代和 60 年代,以"算法思维"的形式出现,具体指的是使用一个有序的、精确的步骤序列来解决问题,并在适当的情况下使用一台计算机来实现这一过程的自动化。

2006 年,美国卡内基梅隆大学(CMU)的周以真教授正式定义了计算思维,她认为:计算思维是运用计算机科学的基础概念去求解问题、设计系统和理解人类行为,它涵盖了计算机科学的一系列思维活动。周以真教授指出,计算思维是每个人的基本技能,不仅仅属于计算机科学家。

2011 年,国际教育技术协会(ISTE)和计算机科学教师协会(CSTA)共同给出了计算思维的操作性定义,它们认为计算思维是一个问题解决的过程,该过程包括确定问题、分析数据、抽象、设计算法、选择最优方案、推广 6 大要素,具体如下。

(1) 确定问题。确定一个能够用计算机或其他工具来解决的问题。

(2) 分析数据。符合逻辑地组织和分析数据。

(3) 抽象。通过抽象(如模型、仿真等)方法来表示数据。

(4) 设计算法。通过设计算法(一系列有序的步骤),实现自动化的解决方案。

(5) 选择最优方案。确定、分析、实施可行的解决方案,找到最有效的方案。

(6) 推广。总结最优方案,并且将其迁移到更广泛的问题解决与应用中。

2. 计算思维的特征

(1) 计算思维是概念化和抽象化,不是程序化。计算机思维不等于计算机编程,而是像计算机科学家那样去思维,其含义也远远超出计算机编程,要求能够在多个抽象层次上进行思维。

(2) 计算思维是根本的,不是机械的技能。计算思维是现代社会中每个人都必须掌握的一项基本技能。不是刻板机械的重复,而是一种创新的能力。

(3) 计算思维是人的思维,不是计算机或其他计算设备的思维。

思维是思维主体处理信息及意识的活动,从某种意义上来说,思维也是一种广义的计算。计算思维是用人的思维驾驭以计算设备为核心的技术工具来解决问题的一种思维方式,它以人的思维为主要源泉,而计算设备仅仅是计算和问题求解的一种必要的物质基础。所以,计算思维是人在解决问题的过程中所反映出来的思想、方法,并不是计算机或其他计算设备的思维。

(4) 计算思维是数学和工程思维的互补与融合。计算机科学在本质上源自数学思维,其形式化基础构建于数学之上。同时,计算机科学又从本质上源自工程思维,因为建造的是能够与现实世界互动的系统。由于受到底层计算设备和运用环境的限制,计算机科学家必须从计算角度思考,而不能只从数学角度思考,所以计算思维比数学思维更加具体、更加受限。另一方面,计算思维比工程思维有更大的想象空间,可以运用计算技术构建出超越物理世界的各种系统。

（5）计算思维是思想,不是人造物,面向所有人、所有地方。计算思维不仅体现在人们日常生活中所使用的软硬件等人造物上,更重要的是还可以用于求解问题、管理日常生活、与他人交流互动等。

计算思维建立在计算过程的能力和限制之上。面对一个问题,需要考虑哪些部分人类比计算机做得好?哪些部分计算机比人类做得好?而最根本的问题是找到哪部分是可计算的。

计算思维就是通过简化、转换和仿真等方法,把一个看起来困难的问题,重新阐释成一个我们知道怎样解决的问题。

计算思维采用抽象和分解的方法,将一个复杂的任务分解成一个适合计算机处理的问题,计算思维选择合适的方式对问题进行建模,使它易于处理。在我们不必理解系统每个细节的情况下,能够安全地使用或调整一个大型的复杂系统。

3. 计算机解题方法

利用计算机解决具体问题时,一般需要经过以下 4 个步骤。

（1）理解问题。寻找解决问题的条件,输入什么,输出什么。

（2）离散化处理。对一些具有连续性质的现实问题,进行离散化处理。

（3）抽象。从问题抽象出一个适当的数学模型,然后设计或选择一个解决这个数学模型的算法。

（4）自动化。编程实现,按照算法编写程序,运行程序,调试测试,从而解决问题。

因此,计算机问题求解的方法是利用计算解决问题的方法,通过发挥人的特长将问题抽象为数学模型,发挥计算机的特长使得计算过程自动化实现。抽象和自动化同样也是计算思维的本质。

例 1-1　铺路问题。一座城市需要铺路,不仅每栋房子都能沿着铺好的道路到达其他所有的房子,而且用的石砖最少。设有 5 栋房子,哪些路是必须要铺上石砖的?最少用多少块石砖?

问题分析：把 5 栋房子抽象简化为 5 个点,然后节点之间连线,连线的数字代表铺砖所用的石砖数,铺砖问题就转变为图论中的最小路径问题,通过计算路径的值,来比较哪条路径用的砖数最少,最终得到答案。

将问题推广到整个城市,城市的各种市政规划、公共交通网络的规划、物流的最小成本分析等,单纯用人脑分析如何分配是不现实的,用计算机科学的方式去思考分析这类问题,就能够方便地解决。

1.5.2　数据思维

1. 数据与大数据

要想了解数据思维,必须首先明确什么是数据,什么是大数据,数据之于人类社会有什么价值。

在计算机科学中,数据是指一切能被计算机识别并处理的符号介质的总称。它不仅指狭义上的数字,还可以是具有一定意义的文字、字母、数字符号的组合、图形、图像、视频、音频等。数据也是客观事物的属性、数量、位置及其相互关系的抽象表示。

通过前面章节的内容,我们已经了解到,大数据是体量特别大、数据类别特别多的数据集,并且这些数据集无法用传统的数据库工具对其进行内容抓取、管理和处理。大数据与传统的数据主要有如下区别。

(1) 在线。大数据必须永远是在线的,能够随时调用。不在线的数据不是大数据,因为人们根本没时间把它导出来使用。只有在线的数据才能马上被计算、被使用。

(2) 实时。大数据必须实时快速反应。例如我们在某个线上商城搜索一个商品,后台必须在几亿件商品当中让它瞬间呈现出来。如果等待过久,就没有人再去线上商城购买了。几亿件商品、几百万个卖家、1 亿的消费者,瞬间完成匹配呈现,这才叫大数据。

(3) 全样本数据。大数据还有一个最大的特征——不再是样本思维,而是一个全景思维。传统的数据分析,通过样本、抽样进行,但是从抽样中得到的结论总是有水分的,而全部样本中得到的结论水分就很少。大数据不再抽样,要的是所有可能的数据。大数据越大,真实性也就越大。

进入数字时代,数据在经济社会运行中的地位从未像今天这样重要。我们之所以要重视大数据,是因为它是一种更好的工具,是信息时代堪比人、财、物要素的资源,是对未来具有战略意义的资产。但实际上,大数据真正的本质不在于"大",而是在于背后跟互联网相通的一整套新的思维。可以说,大数据带给人们最有价值的东西就是数据思维。

2. 数据思维

数据思维的概念很早就有,但直到近几年,随着大数据技术的飞速发展,重新又回到了思维认识的高度。实际上,数据思维一直是人类的一种思维方式,而且应该比科学思维形成得更早,也更朴实。

我们可以通过下面例子来了解什么是数据思维。

例 1-2　在航空联程设计中,任意给出旅行的起点和终点,如何给出一个行程建议,使得在某些指标上"最短"?

分析:传统方法中,我们可能会把该问题抽象、建模为图的最短路径问题,利用 Dijkstra 算法或者动态规划算法来求解。但是这个算法的复杂性对于大图来说有点高,如果节点数过多,普通的服务器可能无法完成计算。大数据时代,我们可以很容易地记录物理世界中人们旅行的选择,因此可以采用数据思维的方法来求解这个问题。我们可以构建旅客、机场以及旅客航程关系的数据模型,形成旅行大数据。然后根据旅行大数据先搜索出全部的从起点到终点的旅行历史记录,用简单的统计方法,对最受欢迎的路线进行排序。这个排序结果就是过去旅客的经验选择,可以推荐给客户,供他们根据需求自行选择使用。可以看出这样做的算法很简单。当然,我们还可以在旅行大数据上利用更复杂的数据挖掘和机器学习方法,来发现和探索规律,改进服务。

从对事物间关系的认识层面看,人的思维方式可以分为两大类:科学思维和数据思维。科学思维注重事物间的因果关系,数据思维注重事物间的相关关系,如图 1.12 所示。

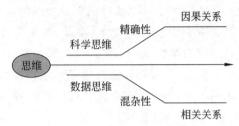

图 1.12　思维方式分类

被誉为"大数据之父"的维克托·迈尔-舍恩伯格在《大数据时代:生活、工作与思维的大变革》中明确指出,大数据时代最大的转变就是,放弃对因果关系的渴求,取而代之关注相关关系。也就是说,只要知道"是什么",而不需要知道"为什么"。这颠覆了千百年来人类的思维惯例,对人类的认知和与世界交流的方式提出了全新的挑战。

执迷于精确性是信息缺乏时代的产物。大数据时代人们掌握了大量新型数据,精确性就不那么重要了,不依赖精确性,人们同样可以掌握事情的发展趋势。大数据因为更强调数据的完整性和混杂性,因而可以帮助人们进一步接近事实的真相。

伴随大数据产生的数据密集型科学,是继实验科学、理论科学和计算科学之后的第四种科学研究模式,这一研究模式的特点表现为不在意数据的杂乱,但强调数据的量;不要求数据精准,但看重其代表性;不刻意追求因果关系,但重视规律总结。这一模式不仅用于科学研究,更多的会应用于各行各业,成为从复杂现象中透视本质的有用工具。

3. 利用数据思维解决问题

利用数据思维来求解问题的过程,包括以下 4 个要点。

(1) 数据采集与汇聚。为了解决复杂问题,首先需要采集能记录复杂问题所涉及的物理世界中有关对象实体和联系的数据,然后通过数据清洗、分组、抽取等步骤对采集的数据进行加工整理。

(2) 数据建模、组织和管理。对数据进行建模、组织和管理,以便使用和探索数据。

(3) 数据分析与数据挖掘。探索数据是数据思维的基本活动,包括开发数据分析和数据挖掘软件,发现数据中隐藏的新的特征或规律,或者利用数据训练模型。尽管开发软件需要逻辑思维和算法思维等,但是数据思维体现的是一种探索思维。

(4) 数据可视化。通过可视化表达有效直观地表述想要呈现的信息、观点和建议。可视化的终极目标是洞悉蕴涵在数据中的现象和规律,通过直观地展示分析结果,有利于人们理解结果、发现规律。

4. 数据思维与计算思维

数字时代,计算思维和数据思维应该成为人们必备的基本素养。那么二者到底有什么关系?目前针对二者关系的认识和争论才刚开始,特别是大数据出现后,数据思维究竟是什么,实际上还是个开放的话题。但是毫无疑问的是:二者肯定是有非常紧密的联系。我们利用数据思维解决问题,从数据采集、数据建模、组织管理、数据挖掘分析,到数据可视化,都离不开计算,数据思维同样离不开计算思维。

用计算思维让数据说话,让数据思维成为计算思维不可或缺的组成部分。遇到现实世界复杂问题时,首先要想到的是这个问题我能不能用计算科学的概念去建模,是否能用计算的方式去解决。同时要学会如何获取数据,如何分析数据,如何从数据中萃取价值,如何去应用数据。只有这样,才能更好地在信息技术、大数据给我们带来挑战的时代,每个人都成为时代的弄潮儿。

1.6　本章小结

本章首先讲述了从早期的手动计算工具到现代电子计算机的演变过程、现代计算机的发展阶段及分类,梳理计算机技术的发展过程;然后选取几种主流计算机发展新技术做简单的介绍,展示计算机新技术发展现状;最后分析了当前数字时代人类需要具备的两种思维方式:计算思维和数据思维,探索增强我们解决问题能力的新的思维方向。

1.7　习　题

1. 逻辑代数中定义的 3 种基本逻辑运算是什么? 理解表 1.2 的逻辑运算。
2. 冯·诺依曼体系结构包括哪几个组成部分? 各部分功能是什么?
3. 选取一种计算机发展新技术,通过查找资料做深入的了解,结合自己专业阐述该技术对本行业的发展带来的机遇及挑战。
4. 简述计算思维的概念。

第 2 章

计算机系统基础

一个完整的计算机系统包括硬件系统和软件系统两部分。组成计算机的电子部件和机电装置的总称叫作计算机硬件系统,是实实在在的各种看得见、摸得着的设备,是计算机工作的物质基础。为运行、管理和维护计算机而编制的各种程序、相关数据和文档的总称为计算机软件系统,软件按其功能分为系统软件与应用软件。系统软件面向计算机硬件系统本身,解决普遍性问题;应用软件面向特定问题,解决某类应用问题。硬件与软件密不可分,硬件是软件的基础,软件是硬件的实现,所以计算机系统是硬件和软件的统一。随着科技的进步,计算机的硬件与软件不断更新与完善,相互促进,协同发展。

2.1 计算机硬件系统

冯·诺依曼提出存储程序原理,把程序本身当作数据来对待,程序和该程序处理的数据用同样的方式存储,并确定了存储程序计算机由控制器、运算器、存储器、输入设备、输出设备 5 部分组成。几十年来,虽然计算机系统从性能指标、运算速度、工作方式、应用领域和价格等方面与早期的计算机都有了天壤之别,但是计算机的基本结构没有变,都属于冯·诺依曼计算机。基于冯·诺依曼思想构成的计算机,其硬件组成结构如图 2.1 所示。

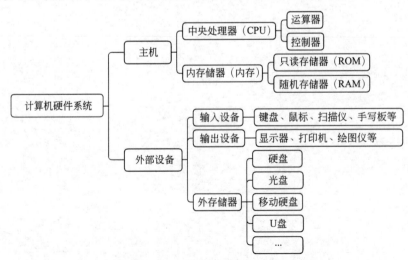

图 2.1　计算机硬件组成结构

2.1.1　主机

　　图 2.1 是基于冯·诺依曼思想的计算机硬件组成逻辑结构,实际上打开计算机的主机箱后,其内部结构如图 2.2 所示。人们常常把计算机除去输入输出设备以外的主要机体部分称为主机,也就是用于放置主板及其他主要部件的控制箱体。主机通常包括机箱、电源、主板、CPU、内存、硬盘、光驱以及其他各种输入输出 I/O 接口。

图 2.2　计算机主机箱内部结构

1. 机箱

　　主机的外壳,它的作用是存放、固定所有计算机配件,将它们放在里面起到保护作用。

2. 电源

　　电源为计算机各部件提供供电保障,整个计算机的主机都由电源统一供电,电源的好坏关系到整机供电的稳定性。

3. 主板

　　主板又称为母板,是主机箱内面积最大的一块印制电路板,是计算机的重要部件之一。图 2.3 是计算机的主板结构图。集成在主板上的主要部件有 CPU 插槽、内存槽、扩展槽(总线)、芯片组、系统自检芯片、各种接口等。计算机性能以及硬件兼容性如何主要取决于主板的设计。主板的优劣在某种程度上决定了一台计算机的整体性能、使用年限以及功能扩展能力。

　　1) CPU 插槽

　　不同的主板支持不同的 CPU。CPU 插槽主要分为 Socket、Slot 两种。根据接口类型的不同,CPU 在插孔数、体积和形状上都有所不同,所以不能互相插接。

图 2.3　计算机的主板结构

2) 内存槽

内存槽用于插接内存条。主板所支持的内存种类和容量都由内存槽来决定。一条内存的容量一般为 4GB、8GB、16GB、32GB。用户可以根据自己需要酌情增加内存条来扩充计算机内存。

3) 扩展槽

扩展槽是主板上用于固定扩展卡并将其连接到系统总线上的插槽。计算机中的总线(Bus)是计算机各种功能部件之间传送信息的公共通信干线,它是由导线组成的传输线束,按照计算机所传输的信息种类,总线可分为数据总线、地址总线和控制总线,分别用来传输数据、地址和控制信号。主机的各个部件通过总线相连接,外部设备通过相应的接口电路再与总线相连接,从而形成了计算机硬件系统。

在总线扩展插槽的发展进程中出现过多种类型,主要有 ISA、PCI、AGP、PCI-E 等。最早的 PC 总线是 IBM 公司 1981 年开发的 8 位总线,为了开发与 IBM PC 兼容的外围设备,行业内便逐渐确立了以 IBM 公司的 PC 总线规范为基础的 ISA(Industry Standard Architecture,工业标准架构)总线,由于 ISA 总线速度慢,使得整机的性能受到严重的影响。为了解决这个问题,1992 年 Intel 公司在发布 486 处理器的同时,提出了 32 位的 PCI(Peripheral Component Interconnect,周边组件互连)总线。PCI 总线的传输速度对声卡、网卡、视频卡等绝大多数输入输出设备来说显得绰绰有余,但无法与高速的 3D 显卡匹配,成为了制约显示系统和整机性能的瓶颈。因此,PCI 总线的补充 AGP 总线(Accelerated Graphics Port,加速图形端口)就应运而生了。AGP 的发展更是在 2000 年左右达到其技术峰值,但是由于它仅支持单一设备且已经无法满足高速显卡要求,因此 AGP 在发展至 8x 之后便被新一代显卡高速总线接口 PCI-E(PCI-Express)取代。PCI-E 插槽的接口根据总线位宽不同有所差异,包括 1X、4X、8X 和 16X,以满足不同设备对数据传输带宽不同的需求。一般 1X 主要是用来扩展声卡、网卡等低速设备,替代老主板的

PCI 总线插槽；4X 是用来扩展磁盘阵列卡等中速设备；8X/16X 用来扩展显卡等高速设备，所以现在 PCI-E 已经替代了其他几种类型成为主流总线插槽。

4）芯片组

早期主板上有北桥和南桥两个芯片组，北桥用来处理高速信号，如处理 CPU 与内存之间的通信。随着芯片组技术的不断发展，芯片组也在向着高整合性方向发展，现在的 CPU 的内部已整合了内存控制器，所以主板上已经没有北桥芯片组了，北桥已经成为历史。

现在主板上的芯片组就是早期的南桥芯片。芯片组提供了对 I/O 接口、键盘控制器、实时时钟控制器、USB 总线、高级电源管理等的支持。

5）系统自检芯片

自检系统包括 CMOS 芯片、BIOS 芯片与 CMOS 电池。每次启动计算机时，计算机首先检测硬件，对系统进行初始化，然后启动驱动器，读入操作系统引导记录，将系统控制权交给磁盘引导记录，由引导记录完成系统的启动。这些自检的信息就存在于主板的一个特殊区域——CMOS（Complementary Metal-Oxide Semiconductor，互补金属氧化物半导体）芯片里。在 CMOS 中保存着系统日期时间、CPU 类型、内存大小、系统启动顺序、开机密码、并行串行端口等重要系统配置参数。CMOS 芯片靠 CMOS 纽扣电池供电，即使关机信息也不会丢失。如果 CMOS 电池没电了，系统参数就会自动恢复到出厂设置状态。

BIOS（Basic Input/Output System，基本输入输出系统）芯片，是主板上一个只读存储器（Read Only Memory，ROM）芯片，里面装有设置系统参数的程序（BIOS Setup 程序），BIOS 程序是计算机开机运行的第一个程序，即 CMOS 芯片里面的系统参数设置要通过 BIOS 程序来读取和修改。

6）各种接口

主板上有主板供电接口、硬盘接口以及与机箱连接的众多接口。外部设备如 U 盘、移动硬盘、鼠标、打印机等需要通过主板上的接口才能够与计算机相连。

主板总线的性能指标主要有总线带宽、总线的位宽、总线时钟频率等。

（1）总线带宽。总线带宽是指单位时间内总线上可传送的数据量，即每秒传送的字节数，它与总线的位宽和总线的时钟频率有关。总线带宽越宽，工作速度越快。

（2）总线的位宽。总线的位宽是指总线能同时传送的数据位数，即数据总线的位数。

（3）总线时钟频率是指总线的工作频率。以 MHz 为单位，总线时钟频率越高传输速率也就越高。

4. CPU

CPU（中央处理器）是一块超大规模的集成电路芯片，是计算机的核心部件。一般来说，CPU 基本决定了计算机的运行速度，CPU 的速度越高，计算机的速度越快。它主要包括运算器、控制器和高速缓冲存储器。其中，运算器功能是对数据进行运算、加工处理；控制器功能是读取各种指令、分析和执行指令，控制协调计算机的各个部件按照指令的要求进行工作；高速缓冲存储器是存在于主存与 CPU 之间的一级存储器，容量比较小

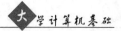

但速度比主存高得多,接近于 CPU 的速度。

决定 CPU 性能高低的参数主要有主频、外频、倍频、字与字长、核心数和缓存等指标。

1) 主频、外频和倍频

(1) 主频。主频是 CPU 内部的时钟频率,是 CPU 进行运算时的工作频率。一般来说主频越高,意味着一个时钟周期内完成的指令数也越多,CPU 的运算速度也就越快。但由于内部结构不同,并非所有时钟频率相同的 CPU 性能都是一样的。

(2) 外频。外频是系统总线的时钟频率,它由计算机主板提供,直接影响 CPU 与内存之间的数据交换速度。

(3) 倍频。倍频也称为倍频系数。原先并没有倍频概念,CPU 的主频和外频的速度是一样的,但随着 CPU 的速度越来越快,CPU 的主频与外频之间就出现了一个比值关系,这个比值就是倍频系数,简称倍频。它可使系统总线工作在相对较低的频率上,而 CPU 速度可以通过倍频来无限提升。CPU 主频的计算方式为:主频=外频×倍频。当外频不变时,提高倍频,就可以使 CPU 的主频上升。

2) 字与字长

CPU 的字长说明它一次最多能传送和处理数据的能力。字长越长,处理能力越强、运算速度越快。CPU 字长从原来的 8 位,进化到现在的 64 位。

☞ 小贴士

位或比特(bit):一个电子线路单元称为一个"位",它有两个稳定的工作状态,分别以 0 和 1 表示,是计算机中最小的数据单位。

字节(Byte):8 位二进制数称为一个"字节"(简写 B)。它是计算机存储信息的基本单位,也是计算机存储空间大小的最基本容量单位。

字(Word):若干个字节组成一个"字"。一个"字"可以存放一条计算机指令或一个数据。

字长:CPU 内每个字可包含的二进制的长度称为"字长"(Word Size)。字长为 16 位代表 2 字节,字长为 32 位代表 4 字节。

3) CPU 的核数

最早的 CPU 都是单核处理器,计算机技术和应用的不断发展对处理器性能提出了更高的要求。因为单核频率的提升越来越难而多核技术是目前行之有效的方法,所以就出现了双核、四核、八核等多核 CPU 处理器。

4) 高速缓存大小

CPU 是计算机中速度最快的器件,程序需要先从硬盘调到内存,再由内存送到 CPU 里执行。而硬盘、内存和 CPU 之间都存在一定的速度差,因此引入高速缓存来解决它们之间因速度差所产生的等待时间。高速缓存的速度接近 CPU 的速度。这样 CPU 在执行程序时就先经过高速缓存再到内存。按照数据读取顺序和与 CPU 结合的紧密程度,CPU 的缓存可以分为一级缓存、二级缓存,如今主流 CPU 还有三级缓存。当 CPU 要读取一个数据时,首先从一级缓存中查找,如果没有找到再从二级缓存中查找,如果还是没有就从三级缓存或内存中查找。

1971年,由Intel公司发明的世界上第一款微处理器4004诞生到现在已有50年了。在这50年里,它一直按照业界无人不知的"摩尔定律"发展。目前其运算速度已经从kHz达到了GHz级。在市场分布方面,仍然是Intel和AMD公司两雄争霸。我国半导体行业与美国相比,还存在着较大差距。但经过无数科研人员呕心沥血地奋斗,CPU的发展取得了长足的进步。2001年,中国科学院计算所的CPU课题项目龙芯正式立项,并于该年度成功研发了一款基于RISC指令集的"龙芯一号",工作主频虽然仅有266MHz,但到了2017年,龙芯3A3000/3B3000系列处理器问世,龙芯CPU已发展为四核64位,1.35~1.5GHz主频的处理器。虽然还比不过Intel和AMD公司,但它是完全国产化的,目前已应用于中国航空航天等关键领域。由于架构问题,龙芯处理器只能对接Linux系统。面对美国对中国技术封锁的背景,国产CPU迎来了越来越好的发展历史机遇,产品性能逐步提升。目前已有申威、龙芯、飞腾、鲲鹏、海光、兆芯等多家国内公司生产CPU。近几年上至超级计算机、下至手机都能找到中国芯的身影。但由于架构的不同,许多中国芯还没有推出到零售市场。随着产品不断地迭代发展,相信不久的将来国产CPU也能与世界一流厂商正面对决。

5. 内存

内存也被称为随机存储器(Random Access Memory,RAM),是计算机中重要的部件之一,它是与CPU进行沟通的桥梁。其作用是暂时存放CPU中的运算数据以及与硬盘等外部存储器交换的数据,断电后,存储内容立即消失。计算机中所有程序的运行都是在内存中进行的,因此内存的性能对计算机的影响非常大。内存容量是内存的重要指标,内存条的容量就是这根内存条能存储的数据量的多少。人们每打开一个软件,这些软件的数据就会暂时被转移到内存中,如启动完Win10系统大概会占用2GB多的内存,如果内存条容量不高,又同时打开了很多程序,那么就会影响系统性能。内存有8GB、16GB、32GB等容量级别。内存的存取时间是内存的另一个重要指标,其单位以纳秒(ns)表示,通常有6ns、7ns、8ns、10ns等几种,相应在内存条上标为-6、-7、-8、-10等字样。这个数值越小,存取速度越快。

6. 硬盘与光驱

主机箱中的硬盘、光驱以及光盘属于外部存储器。与内存不同,外部存储器断电后仍然能保存数据。

☞ **小贴士**

有些计算机不带独立的主机箱,这种计算机称为一体机,由一台显示器、一个键盘和一个鼠标组成。由于芯片、主板等都集成在显示器中,显示器就是计算机的主机,因此只要将键盘和鼠标连接到显示器上,就可以使用了。随着无线技术的进步,一体机的键盘、鼠标与显示器可实现无线连接,机器上是完全不需要连线的。这就解决了一直为人诟病的台式机线缆多而杂的问题。计算机一体机与普通台式计算机相比具有占用空间小、省电、静音的优势,但不易于计算机的散热、升级以及维修。

2.1.2 外部存储设备

外部存储设备(外存)是指除计算机内存及 CPU 缓存以外的存储器,此类存储器断电后仍然能保存数据。常见的外存有硬盘、光盘、移动硬盘和 U 盘等。

1. 硬盘

硬盘是计算机的存储器之一,硬盘既提供计算机需要处理的数据,也保存处理数据的结果,是计算机不可缺少的组成部分,也是衡量计算机性能的一项重要指标。硬盘从1956 年诞生到现在已经有 60 多年的历史,在这 60 多年中,随着科技的发展,硬盘发生了巨大的变化。目前硬盘主要有两种,分别为机械硬盘和固态硬盘。

1) 机械硬盘

机械硬盘(英文缩写:HDD)是传统的普通硬盘,基本都是由盘片、磁头、盘片主轴、控制电机、磁头控制器、数据转换器、接口、缓存等几部分组成。优点是售价相对便宜,而且容量要比固态硬盘高。缺点是噪声大、读写速度较慢。

2) 固态硬盘

固态硬盘(英文缩写:SSD)是用固态电子存储芯片阵列而制成的硬盘,由闪存芯片、主控芯片、缓存芯片组成。从图 2.4 所示的机械硬盘和固态硬盘内部结构对比图可以看到,固态硬盘没有了机械结构(马达、盘片等)当然也就不会存在传统机械硬盘的转速瓶颈、盘片工作时的转动高温、磁头工作时的噪声,以及工作时对灰尘、震动方面的严格要求,而且还更加省电。所以固态硬盘相对机械硬盘来说,拥有非常多的优点。虽然在容量、价格和数据安全性等方面比机械硬盘略逊一筹,但相信随着固态硬盘科技的发展和进步,固态硬盘将全面取代机械硬盘。未来的机械硬盘也会像磁带、软盘一样逐渐消失在人们的视线中。

磁盘
主轴
磁头
磁头臂
音圈马达
永磁铁

闪存芯片
主控芯片
缓存芯片

(a) 机械硬盘　　　　　　　　(b) 固态硬盘

图 2.4　硬盘内部结构

硬盘的技术指标有许多,高质量的硬盘能够满足容量大、转速快、接口有保障、缓存稳、平均寻道时间短、内外部数据传输率快等 6 大硬盘指标。

2. 光盘

光盘是一种用光学方法读写数据的存储载体,光驱是读取光盘信息的设备,具备刻录功能的光驱也叫刻录机,可以刻录光盘。大多数计算机配置时都带有光驱,光盘存储容量大、价格便宜、保存时间长,适宜保存大量的数据,如声音、图像、视频等多媒体信息。光盘主要分为两种:一种是不可擦写光盘,如 CD-ROM、DVD-ROM 等;另一种是可擦写光盘,如 CD-RW、DVD-RAM 等。DVD 比 CD 容量大,容量有 4.7GB 和 8.5GB 两种,而一般的 CD 最大容量大约是 700MB。

3. 移动硬盘

移动硬盘是以硬盘为存储介质,便于携带的移动存储器,移动硬盘主流采用 USB 接口传输,能以较高的速度与系统进行大容量的数据传输。由于移动硬盘相对于刻录光盘来说备份数据非常方便,和 U 盘一样可以在不同设备上随插随读,又比 U 盘容量大了许多,所以现在移动硬盘基本上是计算机用户的标准配置。

4. U 盘

U 盘,全称 USB 闪存盘,它是一种使用 USB 接口、无需物理驱动器的微型高容量移动存储产品,通过 USB 接口与计算机连接,实现即插即用。其具有小巧便携、存储容量大、价格便宜等特点。

2.1.3　输入输出设备

输入输出设备(I/O 设备)是数据处理系统的关键外部设备之一,输入输出设备起到了人与机器之间进行联系的作用。

1. 输入设备

输入设备是向计算机输入数据和信息的设备,键盘、鼠标、摄像头、麦克风、扫描仪、手写板等都属于输入设备。

1) 键盘

键盘是一种字符输入设备。键盘由触位开关、检测电路与编码电路 3 部分组成。每个键对应一个触位开关。当用户按下某个键时,检测电路发现开关闭合,编码电路根据开关物理位置将其转换成相应的二进制码,再通过键盘接口传送给计算机。

键盘的分类方式有很多,按接触方式可分为机械式按键和电容式按键两种;按照键的多少可分为 83 键、101 键、104 键等;按接口方式可分为 AT 接口、PS/2 接口等。

2) 鼠标

鼠标是一种图形输入设备,是 1964 年由美国科学家道格拉斯·恩格尔巴特(Douglas Engelbart)发明的用以显示系统位置的指示器。

鼠标的分类方式有很多,鼠标按接口类型可分为串行鼠标、PS/2 鼠标、USB 鼠标(多为光电鼠标)、总线鼠标;按工作原理可分为机械鼠标和光电鼠标;按外形可分为两键鼠标、三键鼠标、滚轴鼠标和感应鼠标;鼠标还可分为有线鼠标、无线鼠标和 3D 鼠标、轨迹球鼠标等。

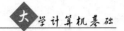

3）扫描仪

扫描仪是一种输入图形和图像的设备,由电荷耦合器件组成。按其工作原理可分为线阵列和面阵列两种,普通使用的是线阵列电子扫描仪;按其扫描方式可分为平面式和手持式等;按其灰度和色彩可分为二值化、灰度和彩色扫描仪。

4）手写板

手写板一般是使用一只专用的笔或者手指,在特定的区域内书写文字。手写板将笔或者手指走过的轨迹记录下来,然后识别为文字。手写板对于不喜欢使用键盘或者不习惯使用中文输入法的人来说是非常有用的。手写板除了输入文字或者绘画,还带有一些鼠标的功能。手写板按照工作原理可分为电阻压力式、电磁压感式、电容触控式。目前电阻压力式技术落后,几乎已经被市场淘汰。电磁压感式是现在市场的主流产品。电容触控式是市场新力量,由于具有耐磨损、使用简便、敏感度高等优点,成为未来手写板的发展趋势。

2. 输出设备

输出设备把计算或处理的结果以人能识别的各种形式,如数字、字符、图像、声音等,表示出来。显示器、打印机、绘图仪等都属于输出设备。

1）显示器

显示器是计算机必不可少的一种图文输出设备,它的作用是将数字信号转换为光信号,使数字、字符、图形与图像在屏幕上显示出来,从而建立起计算机与操作员之间的联系。从早期的黑白世界到色彩世界,显示器走过了漫长而艰辛的历程,随着显示器技术的不断发展,显示器的分类也越来越明细。显示器按照使用元器件的不同可分为 CRT 显示器(阴极射线管显示器)、LCD 显示器(液晶显示器)、LED 显示器(半导体发光二极管显示器)等。其中 LCD 显示器是市场上的主流产品。

显示器的主要技术参数如下。

(1)分辨率:分辨率就是指构成图像的像素和,像素是构成数字图像的基本单元。分辨率一般表示为水平分辨率和垂直分辨率。分辨率越高,画面包含的像素数就越多,图像也就越细腻清晰。

(2)点距:点距是指一种给定颜色的一个发光点与离它最近的相邻同色发光点之间的距离,点距越小,图像就越清晰。

(3)刷新率:屏幕像素点经过一遍扫描(行间自上向下,每行自左向右)之后便得到一帧画面,每秒钟内屏幕画面更新的次数,称为刷新频率。刷新率越高,图像的质量就越好,闪烁越不明显,人的感觉就越舒适。

(4)屏幕尺寸与纵横比。屏幕尺寸反映屏幕大小,现在通常使用的是 17 英寸(1 英寸是 2.54 厘米)的显示器。纵横比是指屏幕的高度与宽度的比例,通常为 3:4。

2）打印机

打印机也是 PC 上的一种主要输出设备,它把程序、数据、字符图形等打印在纸上。打印机按照打印元件对纸是否有击打动作,分为击打式和非击打式打印机。现在市场上的主要产品分为针式打印机、喷墨打印机和激光打印机。

针式打印机是一种击打式打印机,一般分为打印机械装置和控制与驱动电路两大部分。针式打印机的打印头上安装有若干个针,打印时控制不同的针头通过色带击打纸面即可得到相应的字符和图形。日常使用的多为 9 针或 24 针的打印机。针式打印机耗材省,噪声较大,但它是其他类型打印机不能取代的,有着自己独特的市场份额,服务于一些特殊的行业,如银行柜台的票据、存折打印等。

喷墨打印机是一种非击打式打印机,它的原理是将彩色液体油墨经喷嘴变成细小微粒喷到印纸上形成所需信息。喷墨打印机耗材省、噪声小,但喷墨打印机一段时间不用,墨水干涸会导致打印出现问题。

激光打印机也是一种非击打式打印机,它的原理是利用激光扫描,在硒鼓上形成电荷潜影,然后吸附墨粉,再将墨粉转印到打印纸上。激光打印机耗材贵,但是速度快、效果好,噪声比喷墨打印机还小。

打印机的主要技术参数如下。

(1) 分辨率:单位为 dpi(点/英寸),分辨率越高,显示的像素个数也就越多,就可打印出更清晰的图像。

(2) 速度:单位用 ppm(页数/分钟)表示,也就是每分钟能打印多少张。

(3) 内存:内存是决定打印速度的重要指标,特别是在处理大的打印文档时,更能体现内存的作用。打印机内存大,则临时存储数据的空间就大,那么打印过程中就不用反复调用打印文档,从而提高了打印速度。

3) 绘图仪

绘图仪在绘图软件的支持下可绘制出图形,主要用于绘制各种管理图表和统计图、测量图、建筑设计图、电路布线图、各种机械图与计算机辅助设计图等。

2.1.4　计算机的主要性能指标

1. 字长

字长是 CPU 的重要参数。字长越长则表示 CPU 的运算精度越高,处理能力越强,速度越快。计算机的字长一般为 32 位和 64 位。

2. 运算速度

运算速度一般用每秒能执行多少条指令来表示,但由于不同的指令所需的执行时间不同,因此必须有一个统一的规定。现在多用加权平均法求出等效运算速度,其单位为百万条指令/秒,即 MIPS。

3. 内存容量

内存容量是指随机存储器 RAM 容量的大小,它决定了可运行程序的大小和程序运行的效率。内存大,则 CPU 与外部设备交换数据的时间就少,因而运行速度就快。

4. 主频与外频

主频越高,CPU 的运算速度越快。外频由主板提供,直接影响 CPU 与内存之间的数据交换速度。主频代表着计算机的类型,例如酷睿 i7/3.7G,表示计算机的 CPU 类型为英特尔芯片酷睿 i7,主频为 3.7GHz。

5. 硬盘容量

硬盘容量反映了计算机存取数据的能力。

此外,系统的兼容性、可靠性、可维护性、允许配置的外部设备数目、软件配置等都可以作为衡量计算机性能的参考因素。

2.2　计算机软件系统

计算机的软件系统是指计算机运行的各种程序、数据以及相关的文档资料集合。软件是用户与硬件之间的接口,用户通过软件才能与计算机进行交流。虽然系统软件和应用软件的用途不同,但它们都以某种编码形式存储在计算机的存储器中。系统软件与应用软件不能分割,缺一不可。用户使用的各种应用软件都是由系统软件来支持的,计算机软件系统各层次之间的关系如图 2.5 所示。

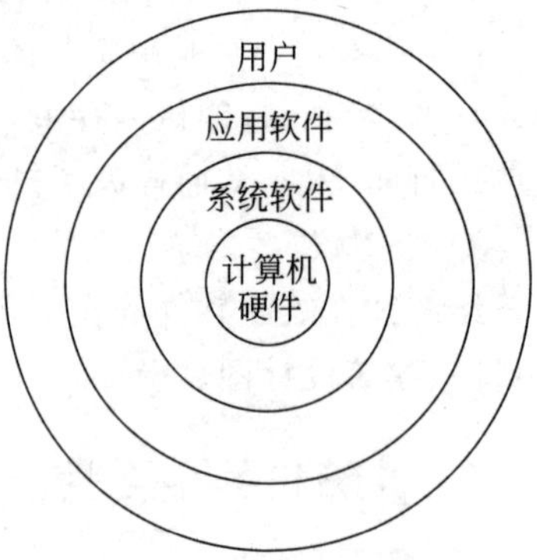

2.2.1　计算机软件的构成

计算机软件系统组成结构如图 2.6 所示。

2.2.1.1　系统软件

系统软件是指控制和协调计算机及其外部设备、支持应用软件的开发和运行的一类计算机软件。系统软件一般包括操作系统、语言处理程序、数据库管理系统以及系统辅助程序等。

图 2.5　计算机软件系统各层次之间的关系

1. 操作系统

操作系统(Operating System,OS)是最基本的系统软件,是计算机硬件与软件的接口,也是用户与计算机交互的操作界面。操作系统管理着计算机硬件与软件资源,包括处理管理与配置内存、决定系统资源供需的优先次序、控制输入设备与输出设备、操作网络与管理文件系统等基本事务,功能包括进程管理、存储管理、文件管理、作业管理和设备管理。

1) 操作系统的分类。

操作系统的分类方法有很多,常用的操作系统包括 Windows 系列、UNIX、Linux、移

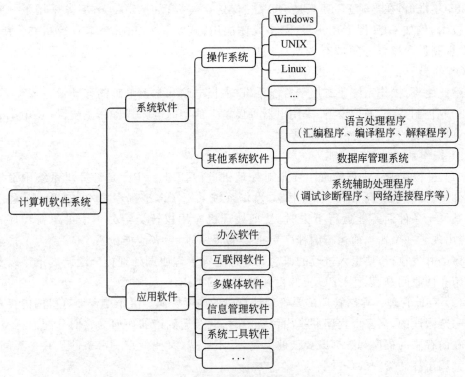

图 2.6　计算机软件系统组成结构

动设备的操作系统、嵌入式操作系统和分布式操作系统等。

Windows 是一款由美国微软公司开发的窗口化操作系统,采用了图形用户接口(Graphical User Interface,GUI)图形化操作模式,比起早期的指令操作系统 DOS 更为人性化。Windows 是目前世界上使用最广泛的操作系统。随着计算机硬件和软件系统的不断升级,微软公司的 Windows 操作系统也在不断升级,包括 16 位、32 位、64 位等多种。从 1985 年发布的 Windows 1.0 到 Windows 95、Windows 98、Windows 2000、Windows XP、Windows 7、Windows 10 等,Windows 版本不断更新换代,成为世界上用户最多的操作系统。

UNIX 操作系统设计是从小型机开始的,它是一种多用户、多任务的通用操作系统,为用户提供了一个交互、灵活的操作界面,支持用户之间共享数据,并提供众多的集成的工具以提高用户的工作效率,同时能够移植到不同的硬件平台。UNIX 操作系统的可靠性和稳定性是其他系统所无法比拟的,是公认最好的因特网服务器操作系统。从某种意义上讲,整个因特网的主干几乎都是建立在运行 UNIX 的众多机器和网络设备之上的。

Linux 是目前全球最大的一个自由免费软件,它是符合 UNIX 规范的一个操作系统,用法与 UNIX 非常相似,因此许多用户不再购买昂贵的 UNIX,转而使用 Linux 操作系统。许多人下载该源程序并按自己的意愿完善某一方面的功能,再发回网上,Linux 也因此被雕琢成为一个全球最稳定的、最有发展前景的操作系统。

MacOS 操作系统是美国苹果公司为它的 Macintosh 计算机设计的操作系统,该机型于 1984 年推出,在当时 PC 还只是 DOS 枯燥的字符界面时,MacOS 率先采用了一些先进的技术,例如 GUI 图形用户界面、多媒体应用、鼠标等。Macintosh 计算机在出版、印刷、影视制作和教育等领域有着广泛的应用,Microsoft Windows 至今在很多方面还有 MacOS 的影子。

除此之外,操作系统还有用于智能手机、平板电脑和掌上电脑的移动设备操作系统,用于工业控制系统、通信设备、家用电器等设备上的实时嵌入式操作系统,以及用于分布式计算机系统的分布式操作系统等。

2) 操作系统的管理功能

(1) 进程管理。进程管理主要是对处理机进行管理。CPU 是计算机系统中最宝贵的硬件资源,为了提高 CPU 的利用率,操作系统采用了多道程序技术,如果一个程序因等待某一个条件而不能运行下去时,就把处理机专用权转交给另一个可运行程序。或者,当出现了一个比当前运行的程序更重要的程序时,后者应能抢占 CPU。为了描述多道程序的并发执行,要引入进程的概念。通过进程管理协调处理机分配调度策略以及分配实施和回收问题,以使 CPU 资源得到最充分的利用。

(2) 存储管理。存储管理主要管理计算机的内存资源。由于单台计算机的内存总量是有一定限度的,当多个程序共享内存资源时,就会遇到诸如如何为它们分配内存空间,存放在内存中的程序和数据既要彼此隔离,互不侵扰,又要能在一定条件下共享等问题,这些都属于存储管理的范围。

当内存不够用时,存储管理还必须解决内存的扩充问题,即将内存和外存结合起来管理,为用户提供一个容量比实际内存大得多的虚拟存储器。

(3) 文件管理。系统的信息资源如程序和数据,都是以文件的形式存放在外存储器上的,需要时再把它们装入内存。文件管理的任务是有效地支持文件的存储、检索和修改等操作,解决文件的共享、保密和保护问题,以便用户方便、安全地访问文件。操作系统一般都提供功能很强的文件系统。

(4) 作业管理。操作系统应该向用户提供使用它的手段,这就是操作系统的作业管理功能。操作系统是用户与计算机系统之间的接口,因此作业管理的任务是为用户提供一个使用系统的良好环境,使用户能有效地组织自己的工作流程,并使整个系统高效地运行。

(5) 设备管理。操作系统应该向用户提供设备管理功能。设备管理是指对计算机系统中的所有输入输出设备(即外部设备)的管理。设备管理还涵盖了诸如设备控制器、通道等输入输出支持设备。

3) 其他系统软件

除了操作系统之外,计算机系统软件还包括其他软件,例如语言处理程序、数据库管理系统、系统辅助处理程序等。

(1) 语言处理程序。计算机只能直接识别和执行机器语言,因此要在计算机上运行高级语言程序就必须配备程序语言翻译程序。翻译程序本身是一组程序,不同的高级语言都有相应的翻译程序,如汇编语言汇编器、C 语言编译器、Java 解释程序等。

(2) 数据库管理系统。数据库管理系统是一种操纵和管理数据库的大型软件,用于建立、使用和维护数据库。数据库管理系统有组织地、动态地存储处理数据,使人们能方便、高效地使用这些数据。

(3) 系统辅助处理程序。系统辅助处理程序也称为系统支持及服务程序,它扩充了机器的功能,主要包括系统调试诊断程序、网络连接程序等。

2.2.1.2　应用软件

应用软件是针对人们某一方面的实际需要而开发的程序。按照功能分类,常见的应用软件有办公软件、互联网软件、多媒体软件、信息管理软件和系统工具软件等。

1) 办公软件

常用的办公软件有微软 Office、金山 WPS 等。

2) 互联网软件

包括即时通信软件,如 QQ、微信等;浏览器软件,如谷歌、火狐等;客户端下载工具,如迅雷、旋风等。

3) 多媒体软件

包括媒体播放器,如暴风影音、腾讯视频等;图像编辑软件,如 Photoshop、美图秀秀等;音视频编辑软件,如 Premiere、格式工厂等。

4) 信息管理软件

如财务管理软件、人事管理软件和酒店管理软件等。

5) 系统工具软件

杀毒软件,如 360 安全卫士、金山毒霸等;解压缩软件,如 Winzip、Winrar 等;系统优化软件,如 Windows 优化大师、鲁大师等。

2.2.2　计算机病毒与安全防范

计算机病毒(Computer Virus)通常是指编制者在计算机程序中插入的一组能够破坏计算机功能或者数据的程序代码,隐蔽在其他可执行程序之中很难被觉察。计算机感染的病毒发作后,轻则影响机器运行速度,重则造成系统瘫痪。计算机病毒被公认为数据安全的头号大敌,目前,新型病毒正向更具破坏性、更加隐秘、感染率更高、传播速度更快等方向发展。因此,必须学习和了解计算机病毒的基本知识,加强对计算机病毒的防范。

1. 病毒的特点

1) 传染性

传染性是指计算机病毒在一定的条件下可以自我复制,并感染其他文件或系统。传染性是计算机病毒最基本的一个特性。

2) 隐蔽性

隐蔽性是指病毒潜伏、传染和对数据的破坏过程不易被发现。

3) 潜伏性

通常病毒感染了计算机中的文件后并不会立即运行,而是过一些时间后才开始传染

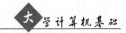

并破坏计算机中的文件或系统,短则潜伏几周、几个月,长则几年,病毒潜伏的时间越长,潜伏性越好,那么病毒所传染的范围就越大。

4）破坏性

计算机中毒后,轻则导致计算机运行变慢、硬盘空间变小,重则导致计算机中的数据丢失,甚至系统崩溃。

5）寄生性

计算机病毒也是一种计算机程序,但它通常是依靠其他文件而存在。计算机病毒嵌入程序后,会对程序进行一定的修改,当程序执行时,病毒就会被激活,然后开始自我复制和繁衍。

6）可触发性

编制计算机病毒的人,一般都为病毒程序设定触发条件,例如,达到系统时钟的某个日期或时间、系统运行了某些程序等。一旦条件满足,病毒就会发作,使系统遭到破坏。

7）不可预见性

不同种类的病毒,它们的代码千差万别,而且病毒的制作技术也在不断更新,病毒永远超前于反病毒软件。

2. 病毒的种类

病毒的分类方法有很多,例如可以根据病毒存在的媒体、病毒传染方法、病毒破坏能力、病毒采用的算法等进行分类,常见病毒有以下几种。

1）磁盘引导区病毒

20 世纪 90 年代中期,最为流行的计算机病毒就是磁盘引导区病毒。磁盘引导区病毒主要是用病毒程序取代正常的引导程序,这种病毒在系统启动时就能获得控制权,从而破坏引导区记录,使得系统无法正常启动,因此危害性很大。

2）文件型计算机病毒

文件型计算机病毒,又称为寄生病毒,通常感染可执行文件(即.com、.exe 等应用程序文件)。这些病毒通常寄生在应用程序中,一旦执行应用程序,病毒也就被激活。病毒程序首先被执行,并将自身驻留内存,然后设置触发条件,进行传播。

3）宏病毒

宏病毒是利用 Microsoft Office 的开放性,即 Office 中提供的 VBA 编程接口,专门制作的一个或多个具有病毒特点的宏命令的集合。一旦打开这样的文档,其中的宏就会被执行,于是宏病毒就会被激活,并驻留在 Normal 模板上。从此以后,所有自动保存的文档都会感染上这种宏病毒,进而出现文档无法保存或另存的现象。宏病毒最先于 1995 年发现,不久后就成为最普遍的计算机病毒。

4）木马病毒

木马病毒通常是基于计算机网络传播的。木马程序表面上是无害的,甚至对没有警戒的用户还颇有吸引力,它们经常隐藏在网络游戏或弹窗广告中,这些表面上看似友善的程序运行后,木马程序就会隐藏在被控计算机中由黑客远程操控进行一些非法的活动,如盗取系统密码、股票交易信息等重要数据,或者控制用户计算机进行删除文件、格式化硬盘等非法操作,危害性极大。

5) 蠕虫病毒

一般传统病毒需要将自身寄生在其他程序体内,并在该程序运行时先执行病毒程序代码,从而造成感染与破坏。而蠕虫病毒不需要寄生在其他程序中,它是一段独立的程序,因此可以不依赖宿主程序而独立运行,从而主动地实施攻击。蠕虫程序主要利用系统漏洞入侵用户系统,相比传统病毒具有更大的传染性。因为它不仅仅感染本地计算机,而且会通过网络中的共享文件夹、电子邮件、恶意网页以及存在着大量漏洞的服务器等进行肆意传播,几乎所有的传播手段都会被蠕虫病毒利用。所以蠕虫病毒的传播速度是非常快的。

3. 计算机病毒的表现形式

虽然隐藏在系统进程里的病毒很难被发现,但可以通过一些常见的症状来判断计算机是否存在病毒。

1) 计算机运行缓慢或出现异常现象

当计算机运行明显变得缓慢时,就极有可能是计算机中毒所致。病毒程序会在计算机的后台持续运行,并且绝大多数病毒会占用大量的 CPU 及内存资源,导致计算机运行缓慢。

部分计算机病毒会将常用的应用程序运行路径更改为病毒运行路径,当运行正常的程序时,实际是启动了病毒程序。因此,当计算机出现无故蓝屏、运行程序异常、运行速度太慢以及出现大量可疑后台运行程序时,就很有可能是计算机中病毒了。

2) 文件或文件夹无故消失

当发现计算机中的文件或文件夹无故消失,就有可能是计算机中病毒了。部分计算机病毒会将文件或文件夹隐藏,然后伪造已隐藏的文件或文件夹并生成可执行文件,当用户单击这类带有病毒程序的伪装文件时,就会导致病毒的运行。

3) 杀毒软件失效

使用杀毒软件可以对计算机系统进行防护,但有些病毒会禁用计算机上的杀毒软件,这样就可以不被清除掉。因此当杀毒软件无法正常工作时,就可以确信计算机已中病毒,此时需要借助网络来实行在线杀毒操作。

4) 浏览器主页被篡改

如果浏览器主页被篡改、打开网站会跳出弹窗广告或自动跳转成推广网址,这很有可能是计算机被恶意软件或侵入性广告感染了。

5) 账号及个人信息失窃

木马病毒大都以窃取用户信息、借助网络传播用户隐私信息来获取经济利益,如果个人信息失窃,则有可能是计算机中了病毒。

4. 预防计算机病毒

(1) 树立对计算机病毒的防范意识。了解计算机病毒及其特点,学习病毒的防范方法,加强法治观念和道德水平,提高使用计算机和网络的安全防范意识。

（2）有效安装和使用杀毒软件。首先要为计算机安装一套正版的杀毒软件。现在的杀毒软件中都含有个人防火墙，所谓"防火墙"，是指一种将内部网和公众访问网分开的方法，实际上是一种隔离技术。防火墙能最大限度地阻止网络中的黑客来访问你的计算机，防范大部分病毒的入侵。

其次要定期升级杀毒软件和下载安装系统的补丁程序。由于新病毒的出现层出不穷，现在各杀毒软件厂商的病毒库更新十分频繁，应当设置每天定时更新病毒库，以保证能够抵御最新出现的病毒。在使用计算机时要打开杀毒软件的实时监控功能，从而对病毒进行有效的防范。

计算机会定期检测操作系统自身的不足与漏洞，并发布系统的补丁，用户需要及时下载安装这些补丁，避免网络病毒通过系统漏洞入侵到计算机中。同时应用软件也要升级到最新版本，例如播放器软件、通信工具等，避免病毒通过应用软件漏洞进行传播。

此外，每周要对计算机进行一次全面的杀毒、扫描工作，以便发现并清除隐藏在系统中的病毒。当用户不慎感染上病毒时，应该立即将杀毒软件升级到最新版本，然后对整个硬盘进行扫描操作，清除一切可以查杀的病毒。如果杀毒软件不能对病毒体进行辨认，那么应该将病毒提交给杀毒软件公司，公司会针对最新的病毒作出相应的更新处理。

（3）培养良好的上网习惯。对不明邮件及附件慎重打开；不要执行从网络下载后未经杀毒处理的软件；不要随便浏览或登录陌生的网站以免被植入木马或其他病毒。

此外，在上网的过程，如果发现计算机异常，应该及时中断网络连接，以免病毒在网络中传播。

（4）正确使用移动存储设备。尽可能不要共享移动存储设备，因为移动存储设备也是计算机病毒进行传播的主要途径，在对信息安全要求比较高的场所，应将计算机上面的 USB 接口封闭，有条件的情况下应该做到专机专用。

（5）做好数据文件的备份。数据备份的重要性毋庸置疑，无论防范措施做得多么严密，也无法完全防止意外情况的出现。如果遭到致命的攻击，操作系统和应用软件可以重装，而重要的数据就只能依靠日常的备份。所以无论你采取了多么严密的防范措施，也不要忘记随时备份重要数据，做到有备无患。

（6）管理好自己的密码。尽可能使用较为复杂的密码，猜测简单密码是许多网络病毒攻击系统的一种方式。在不同的场合应使用不同的密码，以免因一个密码泄露导致所有资料外泄。对于重要的密码一定要单独设置，不要与其他密码相同。

2.2.3　软件工程概述

软件是指计算机运行的各种程序、数据以及相关的文档资料的集合。一个算法或程序只是软件的一部分，随着问题规模的不断扩大，还必须考虑软件的体系结构、项目管理、人员管理、文档管理等问题，需要构建一个系统来解决这些问题。因此，在软件开发领域引入工程化的概念，以工程化的思想和方法来管理整个大型软件产品，这就是软件工程。

软件工程的侧重点在于应用，注重过程管理、方法、工具的运用。目标就是用更小的成本、更短的时间,完成更完善、更符合需求的软件产品。软件工程是一个综合性的工程,是一个宏观的行业,不只局限于技术细节。

1. 软件生命周期

一般来说,软件产品从策划、定义、开发、使用与维护直到最后废弃,要经过一个漫长的时期,通常把这个时期称为软件的生命周期,即一个软件从提出开发要求到最终废弃的整个时期。可以将软件周期分作问题定义、可行性研究、需求分析,开发测试、运行和维护5个阶段。

第1阶段为问题定义阶段。系统分析员在问题定义阶段需要通过对系统的实际用户和使用部门负责人的访问调查,明确系统开发背景、目标和规模。最后写出双方都满意的问题定义报告,从而进入下一阶段的工作。

第2阶段为可行性研究阶段。一方面把待开发的系统目标用明确的语言描述出来,另一方面从经济、技术、法律和社会因素等多方面进行可行性分析,确认软件是否符合各种规则。探讨解决问题的方案,并对资源成本、预期效益和开发进度进行评估,制订完成开发任务的实施计划,编写可行性研究报告。

第3阶段为需求分析阶段。软件需求分析主要是开发人员和用户进行探讨,弄清用户对软件系统的所有功能需求,然后由开发人员建立软件的逻辑模型,编写需求说明书并最终由用户确认。需求分析的主要方法有结构化分析方法、数据流程图和数据字典等方法。

第4阶段为开发测试阶段。主要分为概要设计(总体设计)、详细设计(模块设计)、实现和测试。

(1) 概要设计:也称为总体设计。首先要设计软件的体系结构,即确定程序是由哪些模块组成以及模块间的关系。

(2) 详细设计:也称为模块设计。总体设计比较抽象概括,而详细设计就是把问题具体化,即编写各个模块的数据结构和算法,也就是程序说明书。程序员可以根据程序说明书编写程序代码。

(3) 实现和测试:程序员选取一种适当的程序设计语言把详细设计的结果编写成源程序代码并测试;然后将各模块组合起来形成一个完整的系统并进行各种类型的综合测试;最后提交给用户验收。

第5阶段为运行和维护阶段。在软件生命周期的五个阶段中花费时间最多的是软件运行维护阶段。软件开发完成交给用户使用后,在运行过程中必然会发现一些隐藏的错误,需要对这些错误进行修正以保证系统的正常使用。软件维护主要包括4个方面:改正性维护、适应性维护、完善性维护以及预防性维护。

软件生命周期阶段的划分体现了软件工程按部就班、逐步推进的思想原则。

2. 软件工程方法

软件工程方法是软件工程的核心内容,自20世纪60年代末以来,出现了许多软件工程方法,其中最具影响的是结构化方法、面向对象方法和原型化方法。

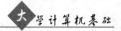

1）结构化方法

结构化方法是应用最为广泛的一种开发方法。它的基本思想是把一个复杂问题自顶向下，逐层分解，使得每个阶段处理的问题都控制在人们容易理解和处理的范围内。结构化方法理论基础严密，它的指导思想是用户需求在系统建立之前就能被充分了解，注重开发过程的整体性和全局性。但结构化方法开发周期长、设计说明烦琐、工作效率低，要求在开发之初全面掌握用户需求，充分预计各种可能发生的变化并且需要用户积极配合，否则系统管理难度较大，此外结构化方法所建立起来的软件系统结构紧密依赖于系统要完成的功能。当功能需求发生变化时将引起软件结构的整体改变，系统可复用性差。

2）面向对象方法

面向对象方法的出发点和基本原则是尽可能模拟人类习惯的思维方式，使开发软件的方法与过程尽可能接近人类认识世界、解决问题的方法与过程。面向对象方法是一种抽象度更高的编程方法。它基于构造问题领域的对象模型，以对象为中心构造软件系统。当功能需求发生变化时，往往仅需要一些局部性的扩展与调整，可复用性好，系统更加灵活、更加易于维护。但面向对象方法若缺乏整体系统设计与划分则易造成系统结构不合理、各部分关系失调等问题。此外它只能在现有业务基础上进行分类整理，不能从科学管理角度进行理顺和优化。

3）原型化方法

原型化方法是指开发人员可以根据对用户需求的初步理解快速开发出一个可以让用户看得见、摸得着的系统模型，这样，对于计算机不是很熟悉的用户就可以根据这个系统模型提出自己的需求。原型化方法不要求对系统做全面、详细的调查、分析，是在投入大量的人力、物力之前，在限定的时间内，用最经济的方法开发出一个可实际运行的系统模型。这个模型可在运行中被检查、测试、修改、扩充，使原型逐步完善，直到它的性能完全满足用户的要求为止。原型化方法对用户的需求是动态响应、逐步纳入的。系统分析、设计与实现都是随着对系统模型的不断修改而同时完成的，相互之间并无明显界限。原型化方法构造系统方便、快速、成本低，适于初期用户需求定义不清的系统开发，开发方法更易被用户接受，但如果用户配合不好，盲目修改，就会拖延开发周期。

上述软件工程方法各有优缺点，在软件开发过程中，可以根据系统的特点或开发阶段的不同而选取不同的方法。

2.3　本章小结

本章介绍了计算机硬件系统和软件系统。一台完整的计算机应包括硬件系统和软件系统。硬件的主要功能是接收计算机程序，并在程序控制下完成数据输入、数据处理、数据输出等任务。虽然计算机技术飞速发展，但其硬件系统的结构大都仍为冯·诺依曼体系，即计算机硬件由控制器、运算器、存储器、输入设备和输出设备5大部分组成。

计算机软件系统是指计算机运行的各种程序、数据以及相关的文档资料集合。它保证了计算机硬件的功能得以充分发挥，并为用户提供良好的工作环境。计算机软件分为系统软件与应用软件。系统软件面向计算机硬件系统本身,解决普遍性问题;应用软件面向特定问题处理,解决特殊性问题。各种应用软件为我们的学习工作和休闲生活提供了方便,但在计算机软件中,有一种人为制造的破坏计算机功能或数据的程序代码即病毒,被公认为是计算机系统安全的头号大敌,我们必须学习和了解计算机病毒的基本常识和防范方法,提高使用计算机和网络的安全意识。

此外,随着软件规模的扩大,软件开发需要经历一个漫长的生命周期。因此,在软件产品的开发过程中要引入工程化的思想和方法来进行管理。

2.4　习　　题

1. 简述一个完整的计算机系统的组成。
2. 计算机硬件由哪些部分组成?
3. 简述内存与外存的区别。
4. 简述计算机的主要性能指标。
5. 什么是总线? 总线有几种类型?
6. 什么是系统软件? 什么是应用软件? 请举例说明。
7. 什么是操作系统? 目前计算机上常用的操作系统有哪些?
8. 操作系统的管理功能是什么?
9. 什么是计算机病毒? 如何预防计算机病毒?
10. 什么是软件工程? 软件生命周期包括几个阶段? 常用的软件工程方法是什么?

第 3 章

计算机应用基础——
Office 办公软件高级应用

办公软件是指可以进行文字处理、数据处理、幻灯片制作、图形图像处理、简单数据库处理等方面工作的软件。办公软件的应用非常广泛,无论是起草文件、统计分析数据还是进行汇报演示,都离不开办公软件。总之,办公软件已经成为人们工作生活必备的基础软件。

Microsoft Office 是办公软件中的一种,它是由微软公司开发的一套基于 Windows 操作系统的办公软件套装,常用组件有 Word、Excel、PowerPoint 等。随着 Windows 版本的升级,与其对应的 Office 软件也有多种版本,例如 Office 2010、Office 2016、Office 2019 等。各种版本的使用方法类似,本章将以 Office 2016 为例,介绍 Office 办公软件中 Word、Excel、PowerPoint 3 个常用组件的高级应用。由于这 3 个组件同属于 Office 软件,所以它们具有统一的界面,相似的工具栏以及大同小异的操作方式,只是功能侧重点有所不同,所以在学习时要注意相互借鉴。

说明:本章所有实验案例在 Office 2016 版本上进行操作演示,为兼顾 Office 2010 版本,实验案例中牵扯到二者的不同之处,给出 Office 2010 版本的操作说明。

3.1 Word 文字处理

Word 文字处理软件是由微软公司推出的 Office 套装软件中的一个成员,它具有强大的文字编辑、图文混排、表格制作、排版与打印等功能。通过 Word 字处理软件可以制作出图文并茂的文档,用于满足人们工作和生活中各类文稿的需要,是深受广大用户欢迎的字处理软件之一。

3.1.1 综合排版

1. 实验目的

通过综合排版实验案例学会综合运用页面、字符、段落、图片、艺术字、文本框和表格等编辑手段实现图文混排效果,达到修饰美化文档的目的。

2．实验素材

实验素材节选自爱因斯坦的《我的世界观》。作为 20 世纪伟大的科学家之一，爱因斯坦在自然科学领域取得了举世瞩目的成就，同时作为一个思想家，他的人性光芒足以震古烁今。希望学生在学习 Word 文档排版方法的同时也能感悟科学家淡泊名利、一生追求真理的精神境界。

综合排版实验

3．实验要求

对照图 3.1 所示综合排版样文效果，将文字初始文档进行如下排版操作。

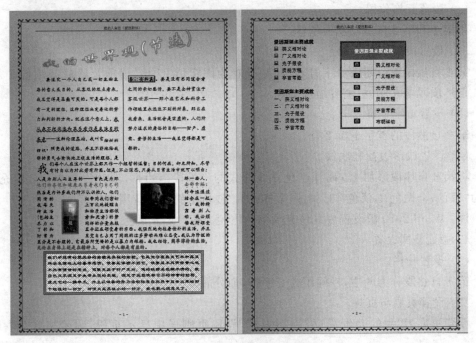

图 3.1　综合排版样文效果

1）页面格式设置

纸张为 A4，页边距：上 2cm，下 2cm，左 2.5cm，右 2.5cm。每页 40 行，每行 40 字。

2）字符格式设置

（1）设置字体、字号。

将全文字号设置为"小四"，第 3 自然段字体为"隶书"，其余文字字体均为"楷体"。

（2）设置文字的字体颜色及文本效果。

① 将第 1 自然段中"他们的喜悦和健康关系着我们自己的全部幸福"字体颜色设置为"金色，个性色 4，深色 25％"。

注：Word 2010 版设置字体颜色为"橙色，强调文字颜色 2，深色 25％"。

② 将第 1 自然段中"简单淳朴的生活，无论在身体上还是在精神上，对每个人都是有益的"文本效果设置为"填充-橙色，着色 2，轮廓-着色 2"。

注：Word 2010 版设置文本效果为"填充-无，轮廓-强调文字颜色 2"。

（3）设置文字的字符特殊效果。

① 将第 2 自然段中"**我从来不把安逸和享乐看作是生活目的本身**"文字加着重号及深蓝色波浪线。

② 将第 2 自然段中"**猪栏的理想**"文字降低 5 磅。

③ 将第 2 自然段中"**善、美和真**"文字添加红色 1.5 磅文字阴影边框、添加"蓝色，个性色 1，淡色 60％"填充色以及图案样式为"15％"的文字底纹。

注：Word 2010 版设置填充色："蓝色，强调文字颜色 1，淡色 40％"。

3）段落格式设置

（1）段落互换位置。

将第 1 和第 2 自然段互换位置。

（2）设置段落缩进及间距。

第 1 自然段首行缩进 2 字符、行间距设置为固定值 25 磅、段前及段后间距各 1 行。第 3 自然段段落左侧、右侧各缩进 1cm。

（3）设置首字下沉。

第 2 自然段的首字下沉 2 行。

（4）设置段落边框和底纹。

将第 3 自然段添加 1.5 磅深红色三线样式的三维段落边框，底纹设置如下：填充颜色为"橙色，个性色 2，淡色 40％"，图案样式为"浅色下斜线"，应用于段落。

注：Word 2010 版设置底纹填充颜色："橙色，强调文字颜色 2，淡色 40％"。

4）版面格式设置

（1）设置分栏。

第 1 自然段分为两栏，栏间距为 2 字符，加分隔线。

（2）设置页眉与页脚。

设置页眉为"我的人生观（爱因斯坦）"，设置页脚居中显示页码，编号格式为"-1-，-2-，-3-，…"。

（3）设置页面颜色与页面边框。

① 设置文档的页面颜色为预设颜色"羊皮纸"。

② 底纹样式为"中心辐射"，第 1 个变形。

③ 添加一种艺术型页面边框（边框艺术型样式、颜色和宽度请自行设置）。

5）图文混排效果设置

（1）设置图片。

① 在第 2 自然段中插入名为"爱因斯坦"的图片。

② 设置图片样式为"透视阴影，白色"。

③ 环绕文字方式为"四周型"。

④ 设置图片大小：高度和宽度的绝对值均为 3.5cm。

⑤ 将图片移动到第 2 自然段右上方。

（2）设置文本框。

① 在第 2 自然段中绘制一个竖排文本框，在其中输入文字"我的世界观"，设置文字格式为：五号、黑体、黄色。

② 为文本框填充图片背景并添加"金色，个性色 4，深色 25%"颜色的双线 6 磅边框。

注：Word 2010 版设置边框颜色："金色，强调文字颜色 4，深色 25%"。

③ 将文本框设置为四周型环绕并放置到第 2 自然段的左下方。

（3）设置艺术字。

① 将标题"我的世界观（节选）"设置为艺术字：选择"艺术字库"中第 1 行第 3 列样式，字体为"华文新魏"。

注：Word 2010 版选择艺术字样式：第 4 行第 5 列样式。

② 环绕文字方式设置为"浮于文字上方"。

③ 形状设置为"左牛角形"。

④ 文本填充为预设渐变"顶部聚光灯-个性色 4"，类型为"路径"。

注：Word 2010 版设置填充颜色：预设颜色"麦浪滚滚"。

⑤ 艺术字逆时针旋转 8°。

6）项目符号（编号）及查找替换功能的应用

（1）设置项目符号（编号）。

① 在文尾处另起一页，输入以下 6 行文字：

爱因斯坦主要成就

狭义相对论

广义相对论

光子假设

质能方程

宇宙常数

② 设置字体为宋体、字号为小四号，第 1 行加粗显示、在第 2～6 行前添加项目符号（可自行定义新项目符号和字体格式）。

③ 将上面 6 行文字，在文尾复制一遍，取消第 2～6 行项目符号的显示，添加编号，格式为"一、二、三、…"。

（2）查找替换功能。

使用替换功能为全文"世界"一词添加浅蓝色、加粗字形字符格式。

7）表格制作与修饰

（1）在文尾插入一个 6 行 2 列的表格。

（2）将表格第 1 行合并单元格。在第 1 行中输入"爱因斯坦主要成就"。

（3）在表格第 1 列中设置项目符号为"定义新项目符号"→"图片"（"项目符号图片"在实验文件夹中），将项目符号设置为三号字体。

（4）在表格第 2 列第 2～6 行单元格中依次输入"狭义相对论""广义相对论""光子假设""质能方程""宇宙常数"。

（5）设置表格样式为"网格表 4-着色 2"（"网格表"中的第 4 行第 3 列）。

注：Word 2010 版设置表格样式："浅色网格-强调文字颜色 2"（"内置"中的第 3 行第 3 列）。

（6）调整表格第 1 行行高为 1.5cm，其余行高为 1cm，所有列宽度为 3cm。

（7）将表格外框线宽度设为 2.25 磅，外框线样式和颜色请自行定义。

（8）将表格标题和第 1 列单元格中的文字设置为"水平居中"。第 2 列单元格设置为"中部两端对齐"。

（9）在表尾插入一行，在第 2 列单元格中输入"布朗运动"。

（10）设置表格的文字环绕方式为"环绕"，将其移到项目符号（编号）文字的右侧。

4. 实验步骤说明

1）页面格式设置

页面格式设置一般是纸张、页边距、版式、文档网格等相关内容的设置。单击菜单项"布局"（Word 2010 版："页面布局"）→"页面设置"工具组右下角箭头，打开"页面设置"对话框，如图 3.2 所示，进行相应设置。

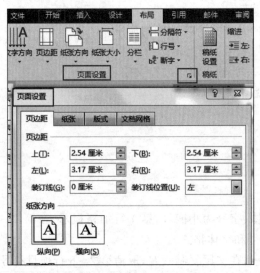

图 3.2 "页面设置"对话框

页面格式设置实验要求与实验步骤如表 3.1 所示。

表 3.1 页面格式设置实验要求与实验步骤

实 验 要 求	实 验 步 骤
纸张为 A4，页边距：上 2cm，下 2cm，左 2.5cm，右 2.5cm。每页 40 行，每行 40 字	单击"布局"（Word 2010 版："页面布局"）→"页面设置"工具组右下角箭头，打开"页面设置"对话框。 ☞ 小贴士 设置每页行数及每行字数，需要在"页面设置"对话框的"文档网格"选项卡中，先选择"指定行和字符网格"选项，再进行相应的设置

2) 字符格式设置

字符格式设置一般是字体、字号、字体颜色、下画线、着重号等相关内容的设置。单击菜单项"开始"→"字体"组工具栏中的按钮或单击"字体"工具组右下角箭头,打开"字体"对话框,如图 3.3 所示,进行相应设置。

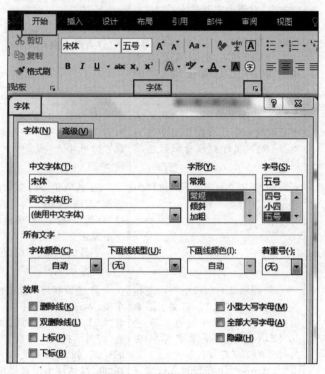

图 3.3　"字体"对话框

字符格式设置实验要求与实验步骤如表 3.2 所示。

表 3.2　字符格式设置实验要求与实验步骤

实 验 内 容	实 验 要 求	实 验 步 骤
(1) 设置字体、字号	将全文字号设置为"小四"、第 3 自然段字体为"隶书"、其余文字字体均为"楷体"	选取相应的文字内容单击"开始"→"字体"工具栏按钮 或在"字体"对话框的"字体"选项卡中进行设置
(2) 设置文字的字体颜色及文本效果	① 将第 1 自然段中"他们的喜悦和健康关系着我们自己的全部幸福"字体颜色设置为"金色,个性色 4,深色 25%"。 （Word 2010 版设置字体颜色:"橙色,强调文字颜色 2,深色 25%"。）	① 选取相应的文字内容单击"开始"→"字体"工具栏按钮 或在"字体"对话框的"字体"选项卡中设置。 ☞ 小贴士 Word 中颜色有标准色和主题颜色之分,不要混淆

实 验 内 容	实 验 要 求	实 验 步 骤
(2) 设置文字的字体颜色及文本效果	② 将第 1 自然段中"简单淳朴的生活,无论在身体上还是在精神上,对每个人都是有益的"文本效果设置为"填充-橙色,着色 2,轮廓-着色 2"。 (Word 2010 版设置文本效果:"填充-无,轮廓-强调文字颜色 2"。)	② 选取相应的文字内容单击"开始"→"字体"工具栏按钮 A 。 ☞ 小贴士 文本效果设置只能用按钮实现,"字体"对话框中没有该功能
(3) 设置文字的字符特殊效果	① 将第 2 自然段中"我从来不把安逸和享乐看作是生活目的本身"文字加着重号及深蓝色波浪线 ② 将第 2 自然段中"猪栏的理想"文字降低 5 磅 ③ 将第 2 自然段中"善、美和真"文字添加红色 1.5 磅文字阴影边框、添加"蓝色,个性色 1,淡色 60%"填充色以及图案样式为"15%"的文字底纹。 (Word 2010 版设置底纹填充色:"蓝色,强调文字颜色 1,淡色 40%"。)	① 选取相应的文字内容在"字体"对话框的"字体"选项卡中进行设置。下画线的设置也可单击"开始"→"字体"工具栏按钮 u 。 ② 选取相应的文字内容,在"字体"对话框"高级"选项卡的"位置"下拉列表中选择"降低","磅值"栏中输入 5 磅。 ☞ 小贴士 字符的缩放、间距、位置的设置只能用"字体"对话框实现 ③ 选取相应的文字内容单击"设计"菜单项(Word 2010 版:"页面布局")→"页面背景"工具组→"页面边框",打开"边框和底纹"对话框,在"边框"选项卡中选择边框的样式、颜色和宽度以及阴影边框效果。在"底纹"选项卡中选择填充颜色和图案样式,如图 3.4 所示。 ☞ 小贴士 • 注意区分底纹填充颜色与图案颜色。 • "应用于"要设置为"文字"

(a) "边框"选项卡

(b) "底纹"选项卡

图 3.4　"边框和底纹"对话框

3）段落格式设置

段落格式设置一般是对段落缩进、行间距、段间距等相关内容的设置。单击菜单项"开始"→"段落"工具组右下角箭头,打开"段落"对话框,如图 3.5 所示,进行相应设置。

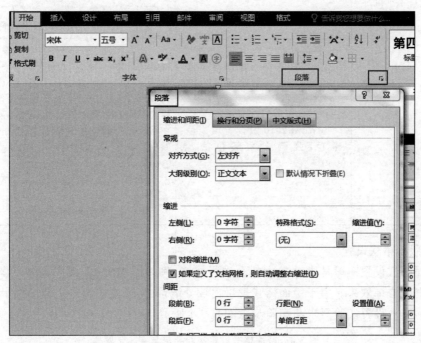

图 3.5　"段落"对话框

段落格式设置实验要求与实验步骤如表 3.3 所示。

表 3.3　段落格式设置实验要求与实验步骤

实 验 内 容	实 验 要 求	实 验 步 骤
（1）段落互换位置	将第 1 和第 2 自然段互换位置	将第 1 自然段剪切,粘贴到第 2 自然段后
（2）设置段落缩进及间距	第 1 自然段首行缩进 2 字符、行间距设置为固定值 25 磅、段前及段后间距各 1 行。第 3 自然段段落左侧、右侧各缩进 1cm	选取相应的段落打开"段落"对话框的"缩进和间距"选项卡进行相应的设置。 ☞ **小贴士** • 段的首行缩进和悬挂缩进在"段落"对话框→"缩进和间距"选项卡的"特殊格式"下拉列表中可以找到。 • "缩进值"可设置字符或厘米两种度量单位。当度量单元为厘米时,直接输入"厘米"即可。 • 段落段前及段后间距是指当前段落与上一段或下一段之间的间距。 • 段落行距设置倍数和具体数值均可

续表

实 验 内 容	实 验 要 求	实 验 步 骤
(3) 设置首字下沉	第 2 自然段的首字下沉 2 行	将光标放置在第 2 自然段的任意位置上，单击"插入"菜单项→"文本"工具组的"首字下沉"下拉按钮→"首字下沉选项"，在"首字下沉"对话框中设置下沉行数
(4) 设置段落边框和底纹	将第 3 自然段添加 1.5 磅深红色三线样式的三维段落边框，底纹设置如下：填充颜色为"橙色，个性色 2，淡色 40%"，图案样式为"浅色下斜线"，应用于段落。（Word 2010 版设置填充色："橙色，强调文字颜色 2，淡色 40%"。）	选取相应的段落内容单击"设计"菜单项（Word 2010 版："页面布局"）→"页面背景"工具组→"页面边框"，打开"边框和底纹"对话框，在"边框"选项卡中选择边框的样式、颜色和宽度以及边框的三维效果。在"底纹"选项卡中选择图案的样式和颜色。 ☞ 小贴士 • 注意区分底纹填充颜色与图案颜色的不同。 • "应用于"要设置为"段落"

4）版面格式设置

版面格式设置一般是指对文档版面进行修饰，例如添加分栏、页眉页脚以及页面颜色与边框等修饰效果。由于版面格式设置比较分散，具体设置请参看实验操作步骤。

版面格式设置实验要求与实验步骤如表 3.4 所示。

表 3.4　版面格式设置实验要求与实验步骤

实 验 内 容	实 验 要 求	实 验 步 骤
(1) 设置分栏	第 1 自然段分为两栏，栏间距为 2 字符，加分隔线	选择需要分栏的段落，单击"布局"菜单项（Word 2010 版："页面布局"）→"页面设置"工具组的"分栏"下拉按钮→"更多分栏"，在"分栏"对话框进行相应设置。 ☞ 小贴士 • 分栏时要选择分栏的内容，否则将对全文进行分栏。 • 设置栏间距时要将"栏宽相等"选项取消
(2) 设置页眉与页脚	设置页眉为"我的人生观（爱因斯坦）"，设置页脚居中显示页码，编号格式为"-1-,-2-,-3-,…"	单击"插入"菜单项→"页眉和页脚"工具组的"页眉"下拉按钮→"编辑页眉"，在页眉栏中输入"我的人生观（爱因斯坦）"，在文档正文区域双击，退出页眉编辑状态。 单击"插入"菜单项→"页眉和页脚"工具组的"页码"下拉按钮→"设置页码格式"，在"页码格式"对话框中选择"编号格式"（"-1-,-2-,-3-,…"）

续表

实 验 内 容	实 验 要 求	实 验 步 骤
（2）设置页眉与页脚		单击"插入"菜单项→"页眉和页脚"工具组的"页码"下拉按钮→"页面底端"→"普通数字 2"，在文档正文区域双击，退出页脚编辑状态。 ☞ **小贴士** • 在页脚设置页码时，需要先设置页码格式，再插入页码。 • 编辑完页眉和页脚后，需要在文档正文区域双击，才能退出页眉和页脚编辑状态。 • 对于书籍、论文等长文档可能需要根据不同的章节或奇偶页设置不同的页眉和页脚，有关长文档页眉和页脚的设置将在 3.1.2 节中介绍
（3）设置页面颜色与页面边框	① 设置文档的页面颜色为预设颜色"羊皮纸"。 ② 底纹样式为"中心辐射"，第 1 个变形。 ③ 添加一种艺术型页面边框（边框艺术型样式、颜色和宽度请自行设置）	① 单击"设计"菜单项（Word 2010 版："页面布局"）→"页面背景"工具组→"页面颜色"下拉按钮→"填充效果"，打开"填充效果"对话框，在"渐变"选项卡中，选择"颜色"中的"预设"，在"预设颜色"中找到"羊皮纸"。 ② 在"底纹样式"中选择"中心辐射"，变形选择第 1 个。 ③ 单击"设计"菜单项（Word 2010 版："页面布局"）→"页面背景"工具组→"页面边框"按钮，打开"边框和底纹"对话框，在"页面边框"选项卡中从"艺术型"下拉列表里选择一种艺术边框，如果是黑白色则可以自己添加颜色效果并设置边框宽度。 ☞ **小贴士** 页面颜色可以进行单色、双色、预设颜色的渐变填充，还可添加纹理、各种颜色的图案及图片效果，大家多多尝试将会得到赏心悦目的填充效果

5）图文混排效果设置

Word 软件的图形对象主要包括图片、形状、SmartArt、图表、文本框和艺术字等，单击"插入"菜单项，在"插图"和"文本"工具组中可找到相应的图形对象，如图 3.6 所示，它们都可以作为一个图形对象插入到文档中，实现图文混排的效果。

图 3.6　Word 中的图形对象

图形对象一般需要进行大小、边框和填充色、样式和效果以及与文字环绕方式的设置。单击图形对象，在菜单项中将会出现"图片工具格式"，其中包括调整、图片样式、排列、大小工具组，单击每组右下角箭头可打开相应的对话框进行详细的图片格式设置，对于不同的图形对象"格式"所包含的工具组略有不同。图3.7为"图片工具 格式"菜单项，图3.8为"绘图工具 格式"菜单项。

图3.7 "图片工具 格式"菜单项

图3.8 "绘图工具 格式"菜单项

图文混排效果设置实验要求与实验步骤如表3.5所示。

表3.5 图文混排效果设置实验要求与实验步骤

实 验 内 容	实 验 要 求	实 验 步 骤
（1）设置图片	① 在第2自然段中插入名为"爱因斯坦"的图片（图片在实验文件夹中）。 ② 设置图片样式为"透视阴影，白色"。 ③ 环绕文字方式为"四周型"。 ④ 设置图片大小：高度和宽度的绝对值均为3.5cm。 ⑤ 将图片移动到第2自然段右上方	① 将光标放置在第2自然段任意位置，单击"插入"菜单项→"插图"工具组中"图片"，在"插入图片"对话框中，选择"爱因斯坦.jpeg"图片→单击"插入"按钮，插入图片。 ② 单击选中图片，单击"图片工具 格式"菜单项，在"图片样式"工具组中，选择"透视阴影，白色"（第3行第2个）（Word 2010版：第2行，最后一个）。 ③ 单击选中图片，单击"图片工具 格式"菜单项，在"排列"工具组中，单击"环绕文字"按钮下拉箭头在其中选择"四周型"（Word 2010版：从"自动换行"按钮下拉列表中选取）。 ④ 单击选中图片，单击"图片工具 格式"菜单项，在"大小"工具组中单击右下角箭头，打开"布局"对话框，取消"锁定纵横比"和"相对原始图片大小"选项，设置高度和宽度的绝对值为3.5cm。 ⑤ 单击选中图片，拖动鼠标将图片移动到合适位置。 ☞ **小贴士** • 图形对象有7种文字环绕方式。 　◆ **嵌入型与上下型**：嵌入型是默认环绕方式，图片左右可以有文字。上下型左右不能有文字。 　◆ **四周型、紧密型和穿越型**：均为文字环绕在图片四周，而紧密型和穿越型文字与图片的距离小。穿越型可有一部分文字穿越到图片空白处（但极少会有这种类型的图片）。 　◆ **衬于文字下方、浮于文字上方**：衬于文字下方相当于图片作为背景。浮于文字上方是图片把文字遮住了，这种情况用得很少。 • 第④步需要取消"锁定纵横比"和"相对原始图片大小"选项，才能设置图片高度和宽度的绝对值。否则系统会根据图片原始大小和纵横比自动计算图片高度或宽度

续表

实 验 内 容	实 验 要 求	实 验 步 骤
（2）设置文本框	① 在第 2 自然段中绘制一个竖排文本框，在其中输入文字"我的世界观"，设置文字格式为：五号、黑体、黄色。 ② 为文本框填充图片背景并添加"金色，个性色 4，深色 25%"颜色的双线 6 磅边框。 （Word 2010 版设置边框颜色："金色，强调文字颜色 4，深色 25%"）。 ③ 将文本框设置为四周型环绕并放置到第 2 自然段的左下方	① 单击"插入"菜单项→"文本"工具组中"文本框"按钮的下拉列表，选择"绘制竖排文本框"，鼠标变为十字形状，在第 2 自然段中拖动鼠标画出一个长方形形状，在其中输入文字"我的世界观"并设置文字格式。 ② 单击选中文本框，单击"绘图工具 格式"菜单项→"形状样式"工具组右下角箭头，在右侧出现"设置图片格式"对话框，选择"形状选项"→"填充与线条"。 在"填充"组中，选择"图片或纹理填充"，单击"插入图片来自"的"文件"按钮，如图 3.9 所示。在出现的"插入图片"对话框中，选择实验文件夹中的"文本框背景图片.jpg"图片作为文本框的填充效果。 （Word 2010 版：在"设置形状格式"对话框的"填充"中进行设置。） 在"线条"组中，选择"复合类型"的双线线型并设置线条宽度和颜色，如图 3.9 所示。 （Word 2010 版：在"设置形状格式"对话框的"线型"和"线条颜色"中进行设置。） ③ 文本框的文字环绕及移动位置操作同图片对象，此处不再赘述。 ☞ **小贴士** · 文本框分为横排和竖排两种，主要是指文本框中文字的方向。 · 文本框的背景填充可以进行单色、双色、预设颜色的渐变填充，还可添加纹理、各种颜色的图案及图片效果，大家多尝试将会得到赏心悦目的填充效果
（3）设置艺术字	① 将标题"我的世界观（节选）"设置为艺术字：选择"艺术字库"中第 1 行第 3 列样式，字体为"华文新魏"。 （Word 2010 版样式选择：第 4 行第 5 列样式。） ② 环绕文字方式设置为"浮于文字上方"。 ③ 形状设置为"左牛角形"。 ④ 文本填充为预设渐变"顶部聚光灯-个性色 4"，类型为"路径"。 （Word 2010 版填充色：预设颜色"麦浪滚滚"。）	① 选中标题，单击"插入"菜单项→"文本"工具组中"艺术字"按钮的下拉列表，选择"艺术字库"中第 1 行第 3 列样式（Word 2010 版：第 4 行第 5 列样式）。 ② 文字环绕方式操作同上，不再赘述。 ③ 单击选中艺术字，单击"绘图工具 格式"菜单项→"艺术字样式"工具组中的"文本效果"按钮下拉箭头→"转换"→在"弯曲"组中选择"左牛角形"（第 4 行第 1 列），如图 3.10 所示。 ④ 单击选中艺术字，"艺术字样式"工具组右下角箭头，在右侧出现"设置形状格式"对话框，选择"文本选项"→"文本填充与轮廓"→"渐变填充"→"预设渐变"（第 2 行第 4 列）、"类型"选择"路径"，如图 3.11 所示。 （Word 2010 版：在"设置文本效果格式"对话框的"文本填充"中选择"麦浪滚滚"预设颜色（第 3 行第 3 列）。）

续表

实 验 内 容	实 验 要 求	实 验 步 骤
（3） 设 置 艺术字	⑤ 艺术字逆时针旋转 8°	⑤ 单击选中艺术字，"艺术字样式"工具组右下角箭头，在右侧出现"设置形状格式"对话框，选择"形状选项"→"效果"，在"三维旋转"的"Z 旋转"中选择"逆时针"按钮，在输入栏中输入 8°，如图 3.12 所示。 （Word 2010 版：在"设置文本效果格式"对话框的"三维旋转"中选择 Z 进行相应设置。） ☞ 小贴士 • 艺术字是一种以文字形式呈现的图形对象，在"文本效果"中包括阴影、映像、发光等丰富的格式效果，我们可以根据需要进行设置。 • 艺术字的旋转还可以使用鼠标实现自由旋转。方法是单击选中艺术字，在艺术字正上方出现一个旋转按钮，用鼠标按住按钮，拖动鼠标顺时针或逆时针自由旋转。 • 除了图片、文本框、艺术字之外，形状和 SmartArt 对象的应用也非常广泛，希望大家在前面学习的基础上能够举一反三

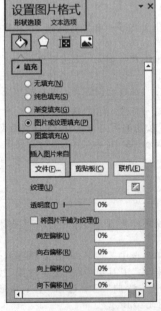

(a) 文本框填充效果设置

(b) 文本框线条设置

图 3.9 文本框填充效果与线条设置

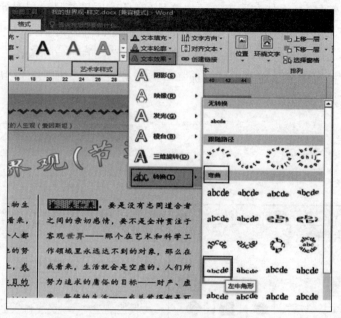

图 3.10 艺术字形状的设置

图 3.11 艺术字文本填充

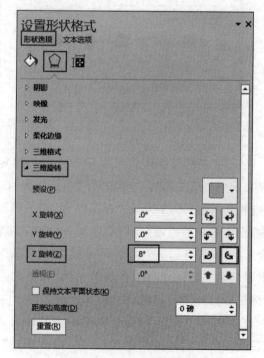

图 3.12 艺术字旋转设置

6) 项目符号（编号）及查找和替换功能的应用

项目符号（编号）是添加在段落前面的符号（编号），项目符号可以是字符、符号，也可以是图片，常用于设置一些并列型文本，例如规章制度、合同等内容。运用项目符号（编号）可以使内容看起来更清晰、更有条理。单击"开始"菜单项，在"段落"工具组的"项目符号"或"编号"按钮的下拉箭头中可以选择所需符号或编号，如图 3.13 所示。也可以定义新的项目符号或编号。

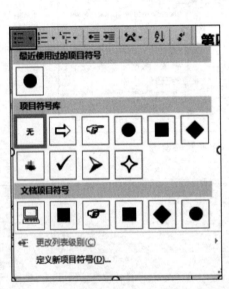

图 3.13　项目符号（编号）库

Word 查找和替换不仅可以帮助人们快速定位到想要的内容，还可以让人们批量修改文章中相应的内容。单击"开始"菜单项，在"编辑"工具组中选择"替换"按钮。打开"查找和替换"对话框，在"查找内容"栏中填写查找的内容，例如填写"世界"，在"替换为"栏中填写替换内容（例如填写 World），如图 3.14 所示，单击"全部替换"按钮表示将全文的"世界"一词替换为 World。如果单击"替换"按钮，则替换从光标所在位置开始出现的第一个词，配合"查找下一处"按钮则可以自行选择是否进行替换。单击"更多"按钮后打开"查找和替换"对话框下半部分内容的显示（此时"更多"按钮显示为"更少"），在"格式"按钮下拉箭头中可以为替换内容添加字体、段落等格式（单击"不限定格式"按钮可取消添加的格式）。在"特殊格式"按钮下拉列表中可以查找并替换特殊字符。

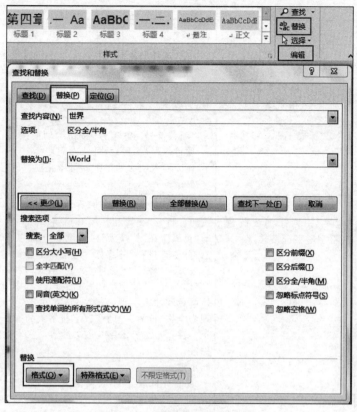

图 3.14　"查找和替换"对话框

项目符号（编号）及查找和替换功能的应用实验要求与实验步骤如表 3.6 所示。

表 3.6　项目符号（编号）及查找和替换功能的应用实验要求与实验步骤

实 验 内 容	实 验 要 求	实 验 步 骤
（1）设置项目符号（编号）	① 在文尾处另起一页，输入以下 6 行文字： 爱因斯坦主要成就 狭义相对论 广义相对论 光子假设 质能方程 宇宙常数 ② 设置字体为宋体；字号为小四号；第 1 行加粗显示；在第 2～6 行前添加项目符号（请自行定义新项目符号和字体格式）。	① 文字输入。 ② 选择设置好文字格式的第 2～6 行文字（标题不选），在图 3.13 的项目符号库中选择"定义新项目符号"，在"定义新项目符号"对话框中，可使用符号、图片作为项目符号，此处请自行选择一个符号，这样第 2～6 行文字前面添加了自己设置的项目符号，选中项目符号可对其进行文字字号、字体、颜色等格式设置。

续表

实验内容	实验要求	实验步骤
（1）设置项目符号（编号）	③ 将上面 6 行文字，在文尾复制一遍，取消第 2～6 行项目符号的显示，添加编号，格式为"一、二、三、…"	③ 选择已复制文字的第 2～6 行，单击"开始"菜单项→"段落"工具组中"项目符号"按钮取消项目符号的显示，单击"编号"下拉箭头选择格式为"一、二、三、…"的编号，为复制的文字第 2～6 行添加编号。 ☞ 小贴士 • "项目符号"和"编号"按钮为切换按钮，在添加和取消项目符号（编号）两种状态间切换。 • 连续输入两次回车键即可中止项目符号（编号）的自动显示
（2）查找和替换功能	使用替换功能为全文"世界"一词添加浅蓝色、加粗字形字符格式	单击"开始"菜单项，在"编辑"工具组中选择"替换"按钮。打开"查找和替换"对话框，在"查找内容"栏中填写"世界"，在"替换为"栏中填写"世界"，单击"更多"按钮后打开"查找和替换"对话框下半部分内容的显示。将光标放置在"替换为"栏中，单击"格式"按钮下拉箭头，选择"字体"，打开"替换字体"对话框，在其中设置"浅蓝"色字体颜色和加粗字形，设置完成后单击"全部替换"按钮实现为全文"世界"一词修改字符格式的操作。 注：标题艺术字中的"世界"一词文字格式不会被修改。 ☞ 小贴士 • 要将光标放置在"替换为"栏中再单击"格式"按钮，否则可能会将格式添加到"查询内容"栏中，如果已将格式添加到"查询内容"栏中可单击"不限定格式"按钮取消格式。 • 替换功能能够实现艺术字中文字的替换，但格式不能被替换。 • 如果在"查找内容"栏中填写了查找内容，在"替换为"栏中不填写任何内容则表示删除查找内容

7）表格制作与修饰

在文档中经常需要设计表格，Word 软件的表格功能非常简单。单击"插入"菜单项，在"表格"工具组中，单击"表格"按钮下拉箭头，出现"插入表格"菜单，在网格中拖动鼠标选取行与列，如图 3.15 所示，则在当前光标所在位置制作出一个表格。选择图 3.15 中的"插入表格"命令，在出现的"插入表格"对话框中输入表格的行数与列数也可制作出一个表格。还可以选择图 3.15 中的"绘制表格"命令，使用绘图笔自行绘制表格，这种方法一般用于绘制不规则表格。

将光标放置在表格的任意单元格中，选择"表格工具 设计"菜单项，可以对表格的样式、边框和底纹等进行格式修饰，如图 3.16 所示。

将光标放置在表格的任意单元格中，选择"表格工具 布局"

图 3.15　"插入表格"菜单

图 3.16　"表格工具 设计"菜单

菜单项,可以插入表格的行(列)、合并(拆分)单元格、设置单元格大小及表格的对齐方式等,如图 3.17 所示。

图 3.17　"表格工具 布局"菜单

表格制作与修饰实验要求与实验步骤如表 3.7 所示。

表 3.7　表格制作与修饰实验要求与实验步骤

实 验 要 求	实 验 步 骤
(1) 在文尾插入一个 6 行 2 列的表格。	(1) 单击"插入"菜单项,在"表格"工具组中,单击"表格"按钮下拉箭头,出现"插入表格"菜单,在网格中拖动鼠标选取 6 行 2 列,生成一个表格。
(2) 将表格第 1 行合并为单元格。在第 1 行中输入"爱因斯坦主要成就"。	(2) 拖动鼠标选取第 1 行的两个单元格,单击"表格工具 布局"菜单项→在"合并"工具组中选择"合并单元格"按钮(也可右击,在弹出的快捷菜单中选择"合并单元格")。在合并后的第 1 行中输入"爱因斯坦主要成就"。
(3) 在表格第 1 列中设置项目符号为"定义新项目符号"→"图片"("项目符号图片"在实验文件夹中),将项目符号设置为三号字体。	(3) 拖动鼠标选取表格第 1 列所有单元格,单击"开始"菜单项→"段落"工具组中"项目符号"按钮下拉箭头→"定义新项目符号",在"定义新项目符号"对话框中,选择"图片"按钮,在"插入图片"对话框中,选择实验文件夹中的"项目符号图片.jpg"文件,将其作为项目符号图片插入到表格第 1 列单元格中。选中第 1 列单元格中的项目符号将其设置为三号字体。
(4) 在表格第 2 列第 2~6 行单元格中依次输入"狭义相对论""广义相对论""光子假设""质能方程""宇宙常数"。	(4) 按要求输入相应文字即可。
(5) 设置表格样式为"网格表 4-着色 2"("网格表"中的第 4 行第 3 列)。 (Word 2010 版:"浅色网格-强调文字颜色 2"("内置"中的第 3 行第 3 列)。)	(5) 将光标放置在表格的任意一个单元格中,单击表格左上角的十字标记,快速选中整个表格,单击"表格工具 设计"菜单项→"表格样式"工具组,单击样式下拉箭头,选择"网格表"中的第 4 行第 3 列,采用此方法可快速改变表格的外观样式。
(6) 调整表格第 1 行行高为 1.5cm,其余行高为 1cm,所有列宽为 3cm。	(6) 选择表格第 1 行,单击"表格工具 布局"菜单项,单击"单元格"工具组右下角箭头,出现"表格属性"对话框,在"行"选项卡中,"尺寸"处选择"指定高度",在输入栏中,输入 1.5,如图 3.18 所示。其余行高、列宽的设置方法相同,不再赘述。

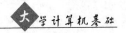

续表

实 验 要 求	实 验 步 骤
（7）将表格外框线宽度设为2.25磅，外框线样式和颜色请自行定义。	（7）将光标放置在表格的任意一个单元格中，单击表格左上角的十字标记，快速选中整个表格，单击"表格工具 设计"菜单项，在"边框"工具组中选择任意一种样式、宽度设置为2.25磅、笔颜色任意，单击"边框"按钮下拉箭头→选择"外侧框线" （Word 2010版：在"绘图边框"工具组中进行选择。）
（8）将表格标题和第1列单元格中的文字设置为"水平居中"。第2列单元格设置为"中部两端对齐"对齐方式。	（8）选取相应的单元格，单击"表格工具 布局"菜单项，在"对齐方式"工具组中，有9个对齐按钮，分别为靠上两端对齐、靠上居中对齐、靠上右对齐；中部两端对齐、水平居中、中部右对齐；靠下两端对齐、靠下居中对齐、靠下右对齐。根据题目要求选取相应的对齐按钮。
（9）在表尾插入一行，在第2列单元格中输入"布朗运动"。	（9）将光标放置在表格最后一行的任意一个单元格中（或选择表格最后一行），单击"表格工具 布局"菜单项，在"行和列"工具组中单击"在下方插入"按钮则在表尾插入一行，项目符号会自动出现在新行的第1个单元格中，在新行第2个单元格中输入"布朗运动"。
（10）设置表格的文字环绕方式为"环绕"，将其移到项目符号（编号）文字的右侧	（10）将光标放置在表格的任意一个单元格中，单击表格左上角的十字标记，快速选中整个表格，在十字标记上右击，在弹出的快捷菜单中选择"表格属性"，在图3.18所示的"表格属性"对话框中，选择"表格"选项卡，在"文字环绕"设置中选择"环绕"。 用鼠标拖动表格左上角的十字标记，将表格移动到项目符号（编号）文字的右侧。

☞小贴士

• 制作表格时，可以使用"文本转换成表格"功能把"爱因斯坦主要成就"对应的6行文字直接转换为表格，方法是：选择要转换的6行文字，单击"插入"菜单项，在"表格"工具组中，单击"表格"按钮下拉箭头，出现"插入表格"菜单，选择"文本转换成表格"命令，在出现的"将文字转换成表格"对话框中单击"确定"按钮，则会出现一个6行1列的表格。然后单击"表格工具 布局"菜单项，选择"绘图"工具组中的"绘制表格"功能将第2~6行拆分为两列即可。

• 表格单元格的合并与拆分可以使用"表格工具 布局"菜单项→"合并"工具组中的"合并单元格""拆分单元格"按钮实现，也可以使用绘图笔和橡皮擦实现。

• 插入表格行（列）时，如果选择若干行（列），执行插入行（列）操作后，则一次可插入若干行（列）。

• 对于跨页的较大表格，可以选择表格标题行后，单击"表格工具 布局"菜单项→"数据"工具组中的"重复标题行"按钮，实现在每页都出现表格标题

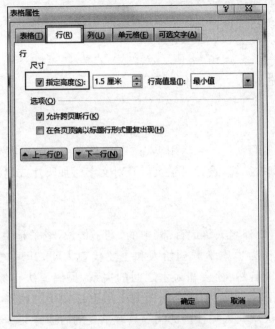

图 3.18　"表格属性"对话框

5. 综合排版实验总结

本实验以节选的《我的世界观》为素材,采用设置页面、字符、段落格式的方法对文档进行基础排版。通过分栏、首字下沉、边框底纹、项目符号(编号)等设置美化文档版面,在文中添加形式多样的图片、艺术字、文本框、表格等对象实现图文混排的效果。希望通过学习,大家可以运用综合排版手段制作出图文并茂的美文。

1) 重点内容

(1) 页面、字符、段落基本格式设置。

(2) 版面设置。

① 分栏。

② 首字下沉。

③ 文字、段落、页面边框底纹。

④ 项目符号(编号)。

(3) 图文混排效果设置。

① 图片(形)。

② 艺术字。

③ 文本框。

④ 表格。

(4) 查找和替换。

2) 难点内容

（1）文字、段落、页面边框底纹设置。

（2）各种图形对象格式设置。

（3）表格的制作与修饰。

3.1.2　长文档排版

1. 实验目的

通过长文档排版实验案例学会运用 Word 长文档排版方法对图书、论文、标书等长文档实现不同页眉、页脚的编辑，设置目录页以及对文字添加脚注或尾注等排版操作。

长文档排版
实验

2. 实验素材

实验素材节选自《中外名人传记百部》中的《老子传》。老子是中国古代思想家、哲学家、文学家和史学家，作为道家学派创始人和主要代表人物，其思想核心是朴素的辩证法。道家用"道"来探究自然、社会和人生之间的关系，提倡道法自然，无为而治，遵循自然规律，与自然和谐相处。老子思想是中国五千年思想文化的精华，我们学习与借鉴老子思想与智慧对于解决现代人类社会的问题具有重要的启迪意义。

3. 实验要求

1）生成目录

将章标题（初始文档中的红字）设置为"标题 1"样式，将节标题（初始文档中的蓝字）设置为"标题 2"样式，使用 Word 的目录功能，在艺术字"目录"下方自动生成文章的目录，字体为楷体，字号为四号。

2）不同页眉与页脚的设置

设置封面页、目录页、第一章、第二章不同的页眉和页脚。

（1）设置页脚。

① 封面：不设置页脚。

② 目录：在页脚处设置页码为大写罗马数字，从 I 开始。

③ 第一、二章：在页脚处设置页码为小写阿拉伯数字，从 1 开始，奇数页页码左对齐，偶数页页码右对齐。

（2）设置页眉。

① 封面：不设置页眉。

② 目录：在页眉处添加文字"目录"。

③ 第一、二章：奇数页页眉文字为章标题，偶数页页眉文字为"老子传"。

3）制作书签与箭头形状超链接，实现从每章最后快速返回目录页

（1）在目录页的艺术字处建立一个名为"目录页"书签。

（2）在第一章最后添加一个"下弧形箭头"形状。形状填充为"宽上对角线"图案填充、前景色为"深红"、背景色为"橙色"。设置"右下对角透视"阴影预设效果、阴影色为红色。

（3）在箭头形状上设置超链接用于实现返回目录页。

（4）将箭头形状复制到第二章最后。

4）添加脚注和尾注对文章中的词语进行注释说明

（1）为第一章第二自然段的"老子"一词添加脚注："中国古代思想家、哲学家、文学家和史学家，道家学派创始人和主要代表人物。"

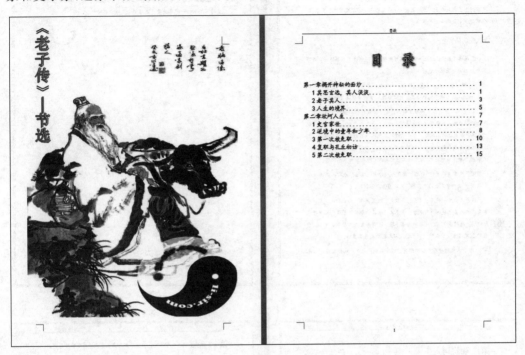

图 3.19　长文档排版样文效果

将现实了。

迷信的观点是不可取的。迷信造成了人们对事物认识的混乱，也使事物失去了本来面目。老子也是一个平凡的人，必须明确这个基本点，否则便同样坠入传说的窠臼中。

3 人生的境界

道而非常之道，但它并不是不可琢磨的。道制造了万事万物，万事万物当然就会呈现出道的本性。

"所以说道大，天大，地大，人也大。宇宙中有四大，而人是四大之一。人取法地，地取法天，天取法道，道则是自然的。"

"自然"是"道"的根本特性，也是他所模倡的一种最高的人生境界。那么，什么是"自然"呢？老子的"自然"本来很容易理解，后来经过许多文人骚客的多次牵强解释，到现在被搞得越来越隐晦了，这不能不说是文人骚客们的"功劳"。其实"自然"就是自然而然，顺事物本性发展而没有人为的天然状态。

对于人本身而言，"自然"就是指人的天然本性，也即人的真性情真思想，这种意义上的"自然"又与虚伪做作相对。

随着人类文明的不断发展，不仅大自然遭到了人为的破坏，人类自身天然的纯真也被做作所代替，把痴真情被认为粗糙，暴露真思想被认为幼稚，数衍成了人们交往的主要手段，说谎甚至成为修养的标志。老迅的散文《立论》生动地揭示了人与人之间关系的虚伪。

老子人生的境界是返璞归真，以真去顺应自然，也即达应人的本

性，人类方能活得合乎"先天地生的混成之物"。

在新旧观念大冲突的20世纪与21世纪之间，人们在面临生活态度的选择时，一定要慎重，选择好人生的本质方向。

第二章 坎坷人生

老子的一生，是经历种种坎坷，但正如"天道"一般，"以其终不自为大，故能成其大"。在老子看来，无论生活如何艰难，只要明白"道"的析文之理，一切也都是平淡的。纵然不能容于世间，也会有觉悟的地方去抚育而闻"道"。

今天我们去了解老子，却还是要考察老子的那平淡而又复杂的人生经历，从中去了解老子的智慧、老子的禀性。从老子有史记载的一段人生曲线中，我们会进一步感受到老子的"道"的"善易知，善易行"。

1 史官家世

关于老子的先祖，有着种种不同的说法。至于何种说法正确并不重要。重要的是各种说法有一个共性的结论：老子的几代祖先都是贵族，是各朝的史官。老子当然是出生在一个史官的家庭中。

家庭的影响对一个人来说，尤其在家族观念盛行的春秋时代，对一个人成长的影响是非常大的。独特的家族文化，使老子从小就受到了熏陶。在求学阶段，在家世的影响下，他一步步地走向文化巨人的位置。

由于老子的人品、思想和学识的超乎寻常，又是史官世家的后裔，在周王朝的史官奇缺的时候，就选用了他。成为史官，使老子有机会阅读大量的史籍资料和其他图书，进一步提高了他自身的知识量和知识层次，为其思想的形成和发展莫定了巩固厚实的理论基础。如之史官的政治生涯，使老子了大大增加了对当时社会的体验，为其思想的形成和发展

提供了现实基础。史官家世，为老子成为文化巨人提供了重要条件。

2 逆境中的童年和少年

公元前571年，在涡河北岸的家园相地，老氏家族又添了一位小成员。他就是中国历史至世界的文化巨人、人类发展方向的指路人——老聃。

老聃童年的命运是不幸和悲苦的。在他还没有出生的时候，父亲就已经去世。老聃生下来的时候，耳朵长得大而宽，没有父亲为他取名字，亲友就根据他的大耳朵，给他取名聃。聃，就是耳大的意思，也就是耳大垂。老聃出生的那一年是农历虎年，也就是虎年，亲友们把他叫做小李耳，就是"小老虎"的意思。当时江淮之间人们也把老虎叫做"李耳"，老聃的家乡曲仁里一带也是把老虎叫作"李耳"。为什么在这里老虎被叫作"李耳"呢？方以智《通雅》卷四十六：虎"或曰狸儿，转为李耳"，也就是说，一种称呼的音变所致。

乡里的邻居们都只叫他小老虎，很少有人知道他的大名。可见老聃童年受冷落的遭遇。在老子的时代人们根本没有姓，所谓的姓"李"，是后世的人强把"李耳"中的"李"称为姓。其实"李耳"就是一个名字而已，并不包括姓的意思。民间传说中有老聃牵强而又望文生义的说法，都是不正确的。有人认为老子为"李聃"也可以，是不合现实的，在老子的时代，是不会有人这么叫的，因为大家都没有姓。

在曲仁里一带，流传着许多老子的故事。从这些故事中，我们可以大概地了解一下小李耳的善良和聪慧。

小李耳勤劳朴实，善于向自然学习。他的第一位老师是含奴树。有

图 3.19 （续）

（2）为第二章"3 第一次被免职"中的"《尚书》"一词添加尾注："重要核心儒家经典之一，"尚"即"上"，《尚书》就是上古的书，它是中国上古历史文献和部分追述古代事迹著作的汇编，是我国最早的一部历史文献汇编。"

5）全文添加不同的页面边框

封面和目录页没有页面边框，第一、二章添加艺术型页面边框（样式自选）。边框宽度设置为 12 磅。

6）更新目录

对已生成的目录进行页码更新。

4. 实验步骤说明

1）生成目录

对于长文档，目录是一个重要的组成部分。可以帮助人们快速找到想要的内容。在 Word 中可以很轻松地生成文章目录。如果文章的内容有改动，可以使用更新功能对生成的目录进行更新操作。

生成目录之前要对文章中的标题进行样式的设置，然后单击"引用"菜单项→"目录"工具组，单击"目录"按钮下拉箭头→"自定义目录"（Word 2010 版："插入目录"）打开"目录"对话框，如图 3.20 所示，进行相应设置。

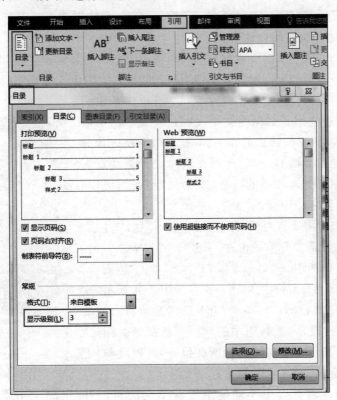

图 3.20　"目录"对话框

生成目录实验要求与实验步骤如表 3.8 所示。

表 3.8　生成目录实验要求与实验步骤

实　验　要　求	实　验　步　骤
将章标题(红字)设置为"标题 1"样式,将节标题(蓝字)设置为"标题 2"样式,使用 Word 的目录功能,在艺术字"目录"下方自动生成文章的目录,字体为楷体,字号为四号	选择章标题(初始文档中的红字)→"开始"菜单项→"样式"工具组,选择列表中的"标题 1"样式。选择节标题(初始文档中的蓝字)设置为"标题 2"样式。 　将光标放置在需要生成目录的位置,单击"引用"菜单项→"目录"工具组,单击"目录"按钮下拉箭头→"自定义目录" 　(Word 2010 版:"插入目录"),打开"目录"对话框,如图 3.20 所示,进行相应设置。将"显示级别"设置为 2(其他选项默认),单击"确定"按钮,生成目录,调整目录字体、字号格式。 ☞ 小贴士 • "目录"对话框中的"显示级别"要根据文中的标题级别进行设置,本例中设置了两级标题(即标题 1、标题 2),所以显示级别设置为 2。 • 设置了一个标题格式后,其余标题可以进行格式复制,方法是:将光标放置在设置好格式的文字中,单击"开始"菜单项,双击"剪贴板"工具组中的"格式刷"按钮,光标变为刷子形状,然后选择需要复制格式的文字,进行格式的复制。格式复制操作完成后,再次单击"格式刷"按钮取消格式的复制

2) 不同页眉与页脚的设置

对于长文档而言经常需要根据不同的内容设定不同的页眉和页脚,例如封面、目录、正文和奇偶页等页眉和页脚的信息都会不同。如果将它们放置在不同的文档中,管理起来会非常烦琐。下面介绍为文档设置不同页眉和页脚的方法。

在 3.1.1 节中介绍了如何为整个文档设置统一的页眉和页脚,那么要实现不同的页眉和页脚,就要对文档进行分节操作。"节"是指文档的一部分,可在其中设置某些页面格式选项。如果要更改文档的部分"页面设置"或"页眉和页脚"等就需要创建一个新的"节"。一个文档可以由几个"节"组成。本例中需要将封面、目录、章分在不同的节中。

将光标放置在需要分节的位置,单击"布局"(Word 2010版:"页面布局")菜单项→"页面设置"工具组,单击"分隔符"按钮下拉箭头,选择分节符中的"下一页",如图 3.21 所示,这样在光标所在位置就插入了一个"下一页"分节符。单击"开始"菜单项→"段落"工具组中的"显示/隐藏编辑标记"按钮,如图 3.22 所示。在文档光标所在位置,可以看到"下一页"分节符,光标后面的内容将另起一页显示。

文档分节后,就可以为不同的节设置不同的页眉和页脚。

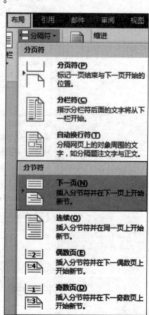

图 3.21　插入"下一页"分节符

图 3.22　显示/隐藏编辑标记

不同页眉与页脚的设置实验要求与实验步骤如表 3.9 所示。

表 3.9　不同页眉与页脚的设置实验要求与实验步骤

实 验 内 容	实 验 要 求	实 验 步 骤
（1）设置页脚	① 封面：不设置页脚。 ② 目录：在页脚处设置页码为大写罗马数字，从Ⅰ开始。 ③ 第一、二章：在页脚处设置页码为小写阿拉伯数字，从 1 开始，奇数页页码左对齐，偶数页页码右对齐	① 根据实验要求，将全文分为 4 节，需要添加 3 个分节符。 第 1 节：在封面结尾处分节 第 2 节：在目录结尾处分节 第 3 节：在第一章结尾处分节 第 4 节：第二章 将光标放置在需要分节的位置，单击"布局"（Word 2010 版："页面布局"）菜单项→"页面设置"工具组，单击"分隔符"按钮下拉箭头，选择分节符中的"下一页"，如图 3.21 所示，这样在光标所在位置就插入了一个"下一页"分节符。 　　第一节不需要设置页脚，无需任何操作。 ② 因为后面的第一、二章奇偶页页码不同，所以单击"布局"（Word 2010 版："页面布局"）菜单项→"页面设置"工具组右下角箭头，打开"页面设置"对话框，在"版式"选项卡选择"奇偶页不同"选项。 　　遵循"先定义页码格式，然后关闭页脚区右侧"与上一节相同"的显示，最后设置页码对齐方式"的原则对不同节进行不同页码的设置。 • 单击"插入"菜单项，在"页眉和页脚"工具组中，单击"页码"按钮下拉箭头→"设置页码格式"，打开"页码格式"对话框，将"编号格式"设置为大写罗马数字（Ⅰ，Ⅱ，Ⅲ…），"起始页码"为Ⅰ。 • 在目录页页脚处双击，进入页脚区。单击"页眉页脚工具 设计"菜单项，在"导航"工具组中，单击"链接到前一条页眉"按钮，关闭页脚区右侧的"与上一节相同"的显示，表示此节与上一节页脚内容不同，如图 3.23 所示。 • 单击"插入"菜单项，在"页眉和页脚"工具组中，单击"页码"按钮下拉箭头→"页面底端"/"普通数字 2"，则页码将居中显示。 ③ 采用与目录页页脚设置相同的方法进行第一、二章页脚的设置。 • 将页码格式设置为小写罗马数字编号格式（1，2，3，…），"起始页码"为 1。 • 双击第 3 节（第一章）页脚区，在奇数页页码区，关闭页脚右侧"与上一节相同"的显示，单击"插入"菜单项，在"页眉和页脚"工具组中，单击"页码"按钮下拉箭头→"页面底端"/"普通数字 1"，则页码将左对齐显示。

续表

实 验 内 容	实 验 要 求	实 验 步 骤
（1）设置页脚		• 在偶数页页脚区，关闭页脚右侧"与上一节相同"的显示，单击"插入"菜单项，在"页眉和页脚"工具组中，单击"页码"按钮下拉箭头→"页面底端"/"普通数字3"，则页码将右对齐显示。 　　这样可完成全部页码的设置，在正文区双击鼠标，关闭页脚区的显示。 ☞ 小贴士 • 设置不同节的页码请遵循该原则进行设置以免产生混乱。 • 由于封面已单独分成一节，所以不要再选择"页面设置"对话框→"版式"选项卡→"首页不同"选项
（2）设置页眉	① 封面：不设置页眉。 ② 目录：在页眉处添加文字"目录"。 ③ 第一、二章：奇数页页眉文字为章标题，偶数页页眉文字为"老子传"	① 第一节不需要设置页眉，不需要任何操作。 ② 设置目录页页眉。 • 在目录页页眉处双击，进入页眉区。 • 单击"页眉页脚工具 设计"菜单项，在"导航"工具组中，单击"链接到前一条页眉"按钮，取消页眉区右侧"与上一节相同"的显示，表示此节与上一节页眉内容不同。 • 输入"目录"。 ③ 设置第一、二章的页眉。 • 进入第3节（第一章）奇数页页眉区，关闭页眉区右侧"与上一节相同"显示，输入"第一章 揭开神秘的面纱"。 • 进入第3节（第一章）偶数页页眉区，关闭页眉区右侧"与上一节相同"显示，输入"老子传"。 • 进入第4节（第二章）奇数页页眉区，关闭页眉区右侧"与上一节相同"显示，输入"第二章 坎坷人生"。 • 第4节（第二章）偶数页眉区（与第3节偶数页眉区相同）不做任何操作，关闭页眉区的显示即可。 ☞ 小贴士 　　分节符默认情况下是不显示的，可以通过单击"显示/隐藏编辑标记"按钮查看分节符以免重复添加

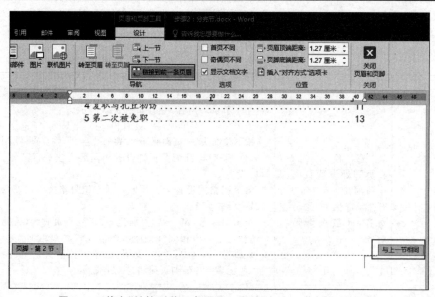

图 3.23　单击"链接到前一条页眉"，取消"与上一节相同"的显示

3）制作书签与箭头形状超链接,实现从每章最后快速返回目录页

在现实生活中,人们经常用精美的书签夹在书中某一页,做好标记,下次就能快速找到该页。那么在 Word 中书签的功能是怎么实现的呢？

将光标放置在需要设置书签的位置,单击"插入"菜单项,在"链接"工具组中,单击"书签"按钮,打开"书签"对话框,如图 3.24 所示。输入书签的名称→单击"添加"按钮,完成书签的设置。

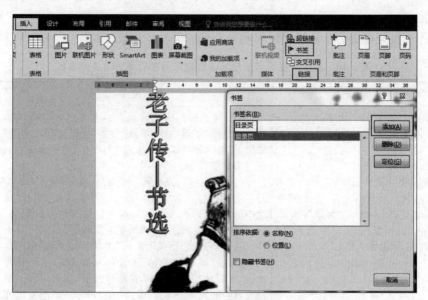

图 3.24　"书签"对话框

然后在需要返回书签的位置,建立文字或图形对象的超链接,单击"插入"菜单项,在"链接"工具组中,单击"超链接"按钮,打开"插入超链接"对话框,如图 3.25 所示。在该对

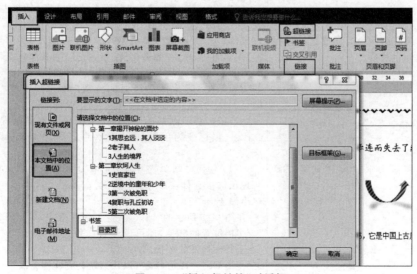

图 3.25　"插入超链接"对话框

话框左侧"链接到"中选择"本文档中的位置",在"请选择文档中的位置"处选择已定义的书签即可。

建立书签超链接后,当鼠标移动到建立了书签超链接的文字或图形对象时,系统会出现链接提示,按住 Ctrl 键,鼠标变为手形,单击文字或图形对象即可将光标跳转到书签定义的位置处。

如果希望从文档的任意位置返回书签,则可以在图 3.24 中,选择定义好的书签,单击"定位"按钮即可。

制作书签与箭头形状超链接返回实验要求与实验步骤如表 3.10 所示。

表 3.10　制作书签与箭头形状超链接返回实验要求与实验步骤

实 验 要 求	实 验 步 骤
（1）在目录页的艺术字处建立一个名为"目录页"的书签。	（1）将光标放置在目录页的艺术字处,单击"插入"菜单项,在"链接"工具组中,单击"书签"按钮,打开"书签"对话框,如图 3.24 所示。输入书签的名称"目录页",单击"添加"按钮,完成书签的设置。
（2）在第一章最后添加一个"下弧形箭头"形状。形状填充为"宽上对角线"图案填充、前景色为"深红"、背景色为"橙色"。设置"右下对角透视"阴影预设效果、阴影色为红色。	（2）将光标放置在第一章最后,单击"插入"菜单项,在"插图"工具组中,单击"形状"按钮的下拉箭头,选择"箭头总汇"组中的"下弧形箭头"形状（第 2 行第 3 个）,鼠标变为十字形后,在相应位置画出"下弧形箭头"形状。 选中画好的"下弧形箭头"形状,单击"绘图工具 格式"工具组,单击"形状样式"工具组右下角箭头,在右侧的"设置形状格式"对话框中,选择"填充与线条"按钮,打开"填充"下拉列表,选择"图案填充",选择"宽上对角线"图案填充（第 3 行最后 1 个）、前景色为"标准色深红"、背景色为"标准色橙色"。 在"设置形状格式"对话框中,选择"效果"按钮,打开"阴影"下拉列表,在"预设"下拉列表中选择"透视"组中的"右下对角透视"（最后 1 个）,在"颜色"下拉列表中选择"标准色 红色"。 （Word 2010 版：选择"设置形状格式"对话框左侧的"填充"和"阴影"选项进行设置。）
（3）在箭头形状上设置超链接用于实现返回目录页。	（3）选中"下弧形箭头"形状,单击"插入"菜单项,在"链接"工具组中,单击"超链接"按钮,打开"插入超链接"对话框,如图 3.25 所示。在该对话框左侧"链接到"中选择"本文档中的位置",在"请选择文档中的位置"处选择书签"目录页"即可。 当鼠标移动到箭头形状时,系统会出现链接提示,按住 Ctrl 键,鼠标变为手形,单击箭头形状即可将光标跳转到目录页。
（4）将箭头形状复制到第二章最后	（4）使用复制功能将箭头形状复制到第二章末尾。可以实现超链接到目录页书签的功能。 ☞ 小贴士 • 在图 3.25 所示的"插入超链接"对话框中,除了可以设置本文档位置的链接,还可以设置文件或网页、新建文档和电子邮件地址的链接。 • 使用 Ctrl＋Home 键可以快速跳转到文档首页

4）添加脚注和尾注对文章中的词语进行注释说明

在 Word 中如果要对文档中的文本注释说明，可以插入脚注或尾注。脚注是对文档中某些文字的说明，一般位于文档某页的底部。尾注用于添加注释，例如备注和引文，一般位于文档的末尾。

插入脚注（或尾注）的方法是，将光标置于要加添加说明或注释的文字之后，单击"引用"菜单项，在"脚注"工具组，单击"插入脚注"（或"插入尾注"）按钮，光标会自动定位到当前页末尾处（或文档末尾处），输入脚注（或尾注）文字即可，插入脚注界面如图 3.26 所示。

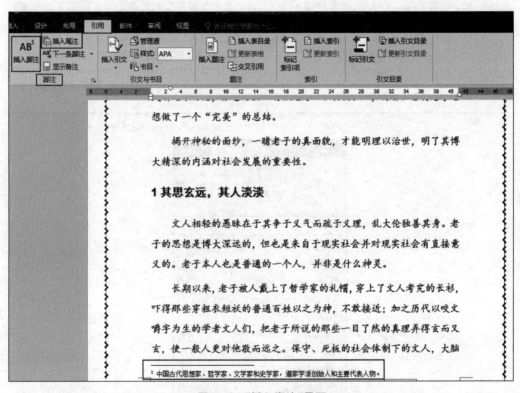

图 3.26　"插入脚注"界面

文档中添加了脚注（或尾注）的文字的右上角会自动出现一个编号，双击该编号，则进入脚注（或尾注）区域，可对脚注（或尾注）内容进行重新编辑。在文档中继续添加脚注（或尾注）时编号会自动顺延。删除文字右上角的脚注（或尾注）编号则脚注（或尾注）内容自动删除。

添加脚注和尾注实验要求与实验步骤如表 3.11 所示。

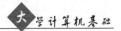

表 3.11　添加脚注和尾注实验要求与实验步骤

实 验 要 求	实 验 步 骤
（1）为第一章第二自然段的"老子"一词添加脚注："中国古代思想家、哲学家、文学家和史学家，道家学派创始人和主要代表人物。" （2）为第二章"3 第一次被免职"中的"《尚书》"一词添加尾注："重要核心儒家经典之一，"尚"即"上"，《尚书》就是上古的书，它是中国上古历史文献和部分追述古代事迹著作的汇编，是我国最早的一部历史文献汇编。"	（1）和（2）插入脚注或尾注的方法是，将光标置于要加添加说明或注释的文字之后，单击"引用"菜单项，在"脚注"工具组，单击"插入脚注"（或"插入尾注"）按钮，光标会自动定位到当前页末尾处（或文档末尾处），输入脚注（或尾注）文字即可。 ☞ 小贴士 • 脚注（或尾注）在文中的定位：将光标放置在要定位的脚注（或尾注）内容处右击，在弹出的快捷菜单中选择"定位至脚注"，则光标立即定位到页面中插入脚注的位置处。 • 改变脚注（或尾注）的编号格式：单击"引用"菜单项，单击"脚注"工具组右下角箭头，在"脚注和尾注"对话框的"格式"选项中，可选择不同的编号样式，也可以选择自定义符号标记作为脚注（或尾注）的标号，如图 3.27 所示

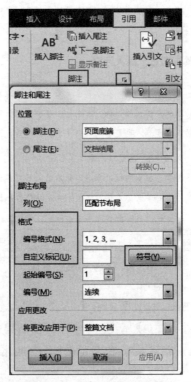

图 3.27　"脚注和尾注"对话框

5）全文添加不同的页面边框

在 3.1.1 节中我们学习了为整个文档添加页面边框的方法，对于长文档而言，封面和目录通常是不需要添加页面边框的，下面介绍对不同的节添加页面边框的方法。

单击"设计"菜单项（Word 2010 版："页面布局"）→"页面背景"工具组→"页面边框"按钮，打开"边框和底纹"对话框，在"页面边框"选项卡中从"应用于"下拉列表里可以选择页面边框添加的范围，这样就可以为"整个文档""本节""本节-仅首页"或"本节-除首页外所有页"添加页面边框，如图 3.28 所示。

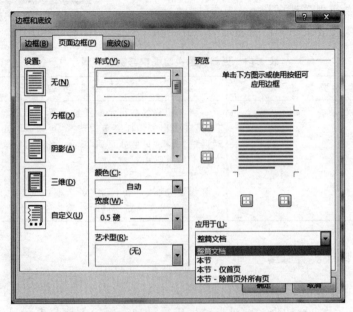

图 3.28 设置"边框和底纹"对话框中的"应用于"选项

全文添加不同的页面边框实验要求与实验步骤如表 3.12 所示。

表 3.12 全文添加不同的页面边框实验要求与实验步骤

实 验 要 求	实 验 步 骤
封面和目录页没有页面边框，第一、二章添加艺术型页面边框（样式自选）。边框宽度设置为 12 磅	本文档中分了 4 节，其中第 3、4 节（第一、二章）均需要添加页面边框，在图 3.28 所示"边框和底纹"对话框的"页面边框"选项卡中选择好"艺术型"边框样式并设置边框宽度 12 磅（如果是黑白色艺术型边框可自行添加边框颜色），在"应用于"下拉列表中选择"整篇文档"。 将光标放置在文档第 1 节（封面）的任意位置，在图 3.28 所示"边框和底纹"对话框的"页面边框"选项卡的"设置"中选择"无"，在"应用于"下拉列表中选择"本节"。采用同样的方法设置第 2 节（目录）。 ☞小贴士 文字、段落、表格、页面边框的设置均在"边框和底纹"对话框中完成，使用时容易产生混淆，请注意区分

6）更新目录

自动生成目录的最大优势是方便快速，此外自动目录还有一个特别方便的地方，就是当修改了文档中的标题或增删了文档内容使页码发生变化后，目录可以一键更新。方法如下。

将光标放置在目录的任意位置上,目录底纹变为灰色,右击,在弹出的快捷菜单中选择"更新域",出现"更新目录"对话框,如图 3.29 所示。如果文档中只是页码发生了变化,则选择"只更新页码"选项,否则选择"更新整个目录",则目录会实现自动更新。

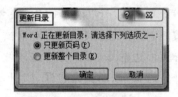

图 3.29　"更新目录"对话框

更新目录实验要求与实验步骤如表 3.13 所示。

表 3.13　更新目录实验要求与实验步骤

实 验 要 求	实 验 步 骤
对已生成的目录进行页码更新	将光标放置在目录的任意位置上,目录底纹变为灰色,右击,在弹出的快捷菜单中选择"更新域",出现"更新目录"对话框,选择"只更新页码"选项,更新后目录中的页码将与文档中的页码相对应。 ☞ 小贴士 如果选择"更新目录"对话框中的"更新整个目录"选项,则目录内容更新的同时会删除原先设置的字符格式

5. 长文档排版实验总结

本实验以节选的《老子传》为素材,将长文档划分为若干节,以节为单位分别设置不同的页眉、页脚以及页面边框。通过自动生成目录功能轻松创建与更新目录。采用书签功能实现快速定位。运用脚注与尾注功能为文档中的文字添加注释与说明。掌握了这些方法就可以很轻松地实现对于论文、标书、书籍等长文档的排版操作。

1) 重点内容

(1) 分节的概念与设置方法。

(2) 为不同节设置不同的页眉、页脚及页面边框。

(3) 目录的制作与更新。

(4) 书签与超链接返回。

(5) 脚注与尾注。

2) 难点内容

(1) 分节的概念与设置方法。

(2) 为不同节设置不同的页眉、页脚及页面边框。

3.2　Excel 数据处理

Excel 是微软公司办公软件 Microsoft Office 的组件之一,是一款专门用来编辑表格的应用软件。它不仅能够方便地对数据进行各种计算、统计、分析、处理,还可以制作图表形象直观地分析数据。Excel 软件以其强大的数据处理功能被广泛地应用于管理、统计、金融等众多领域。

3.2.1　基本操作

1. 实验目的

通过实验案例了解 Excel 的各种数据类型、掌握编辑工作表、设置单元格及工作表格式的方法。

2. 实验素材

基本操作实验

实验素材为近年"'一带一路'沿线部分国家相关信息"表。"一带一路"建设涉及众多国家和地区,各国经济模式和发展阶段不尽相同,所以充分掌握和了解"一带一路"沿线国家相关信息,才能更好地推进"一带一路"战略政策,促进中国与"一带一路"国家的全面合作。

3. 实验要求

对照图 3.30 所示样表,使用 Excel 的基本操作方法对"原数据"表进行如下排版操作。

序号	国家名称	人口	国土面积(km²)	官方语言	GDP产值(亿美元)	人均GDP(美元)	贸易总额(亿美元)	进口额(亿美元)	出口额(亿美元)
				"一带一路"沿线部分国家相关信息					
1	马来西亚	3033万	33.03万	马来语	2962.18	$9,766	973.60	440.60	533.00
2	印度尼西亚	2.58亿	190.45万	印度尼西亚语	8619.30	$3,347	542.30	343.42	198.88
3	缅甸	5389万	67.66万	缅甸语	648.66	$1,204	152.80	96.55	56.25
4	泰国	6800万	51.31万	泰语	3952.82	$5,816	754.60	382.93	371.70
5	老挝	689万	23.68万	老挝语	123.27	$1,812	27.80	12.27	15.54
6	柬埔寨	1560万	18.10万	高棉语	180.50	$1,159	44.30	37.65	6.67
7	菲律宾	约1亿	29.97万	菲律宾语 英语	2919.65	$2,899	456.50	266.73	189.76
8	越南	9470万	32.96万	越南语	1935.99	$2,111	959.70	661.24	298.42
9	印度	13.3亿	298.00万	印地语 英语	20740.00	$1,582	716.20	582.40	133.83
10	巴基斯坦	1.89亿	88.03万	乌尔都语	2699.71	$1,429	189.30	164.50	22.77
11	孟加拉	1.58亿	14.76万	孟加拉语	1738.19	$1,212	147.10	139.01	8.06
12	阿富汗	3256.2万	64.75万	普什图语、达里语	191.99	$590	3.76	3.64	0.12
13	尼泊尔	2850万	14.72万	尼泊尔语	20.88	$732	8.66	8.34	0.32
14	斯里兰卡	2100万	6.56万	僧伽罗语、泰米尔语	823.16	$3,926	45.60	43.50	2.59
15	哈萨克斯坦	1750万	272.49万	哈萨克语、俄语	1732.12	$9,796	105.70	50.80	54.80
16	乌兹别克斯坦	3130万	44.74万	乌兹别克语	667.33	$2,132	31.75	20.56	11.19
17	土库曼斯坦	684万	49.12万	土库曼语	373.34	$6,948	78.82	7.73	71.09

图 3.30　Excel 基本操作样表效果

1) 设置工作表的行和列

(1) 将"GDP 产值"列移到"人均 GDP"列之前。

(2) "国家名称"列之前插入一列,输入"序号"及如样文所示的序号数字。

(3) 在第一行之前插入一行,在该行的第一列输入标题"'一带一路'沿线部分国家信息"。

2）设置表格格式

（1）标题格式。

字体为隶书，字号为 20，字体颜色为"水绿色，个性色 5，深色 25％"。将 A1～J1 单元格设置为"茶色，背景 2，深色 10％"底纹。跨列居中。

注：Excel 2010 版设置字体颜色"水绿色，强调文字颜色 5，深色 25％"。

（2）表头格式。

字体为楷体，加粗，字体颜色为"红色"。底纹设置为"黄色"。

（3）单元格格式。

"官方语言"一列中所有包含"英语"的单元格底纹设置为"25％ 灰色"图案样式，图案颜色为"浅绿"色。"人均 GDP"一列的数据格式设置为货币格式，货币符号为 $，整数。"GDP 产值"以及最后三列的数据格式设置为保留两位小数。

（4）行高列宽。

将表格第 3～19 行的行高设置为 25，将表格第 A～J 列的列宽设置为"自动调整列宽"。

（5）对齐方式。

除标题外所有单元格的数据对齐方式设置为"居中"与"垂直居中"。

（6）设置表格的边框。

整个表格内边框设置为黑色细线，外边框设置为黑色粗线。将表格标题行的下边框线设置为双线。

（7）套用表格格式。

① 将"原数据"工作表重命名为"'一带一路'沿线部分国家信息"。

② 新建一张工作表，命名为"'一带一路'沿线部分国家信息（副本）"，将"'一带一路'沿线部分国家信息"表中的数据在副本表中复制一份。

③ 将副本表（除标题行之外）原有格式清除。

④ 套用表格格式"表样式中等深浅 21"（"中等深浅"组中第 3 行最后 1 个）。

3）设置页面格式

在"'一带一路'沿线部分国家信息"工作表中进行如下设置。

（1）页眉：填写"'一带一路'沿线部分国家信息"（居中）、红色加粗。

（2）页脚：填写当前日期（靠右），填写"第 X 页"（居中）。

（3）将表格水平垂直居中，在打印预览中观察效果。

4）其他

（1）定义单元格（单元格区域）名称。

① 将"GDP 产值"单元格的名称定义为"GDP 总产值"。

② 将"国家名称"列自"马来西亚"至"土库曼斯坦"的单元格区域的名称设置为"国家"。

（2）添加批注。

为"官方语言"一列中的"马来语"单元格添加批注"跟印尼语是同一种语言"。

4. 实验步骤说明

1) 设置工作表的行和列

Excel 工作簿中的每一张表格称为工作表。工作簿如同活页夹,工作表如同其中的一张张活页纸。工作表是显示在工作簿窗口中的表格,一个工作表可以由 1048576 行和 16384 列构成,行的编号为 1~1048576,列的编号依次用字母 A、B、…、XFD 表示,行号显示在工作簿窗口的左边,列号显示在工作簿窗口的上边,如图 3.31 所示。Excel 默认一个工作簿有一个工作表(Excel 2010 默认有 3 个工作表),用户可以根据需要单击右侧的加号添加工作表。单击某个工作表标签,可以选择该工作表为当前活动工作表。工作表名显示在工作表标签上,系统默认工作表名为 Sheet1,双击工作表标签可为其修改名字。

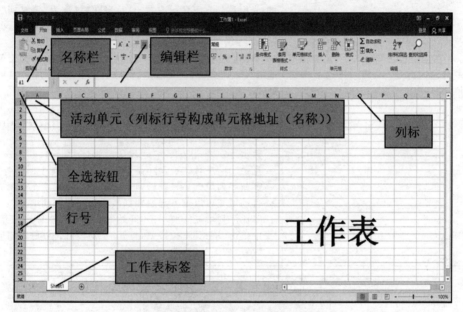

图 3.31 Excel 窗口组成

在 Excel 中,鼠标指针有多种形状,分别用于实现不同的操作,各种鼠标指针形状如图 3.32 所示。

(1) 空心十字:默认的鼠标指针形状,用于选取单元格。

(2) I 形:双击某个单元格,鼠标指针变为 I 形,用于单元格中数据的输入。

(3) 箭头:选取一个或多个单元格,将鼠标移到黑框边缘,鼠标指针变为箭头形状,用于单元格区域的移动。

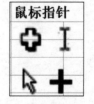

图 3.32 鼠标指针形状

(4) 黑色十字:选取一个或多个单元格,将鼠标移到黑框右下角,鼠标指针变为黑色十字形状(填充柄),用于序列数据的填充与计算公式的复制。

在 Excel 表格中可以对行和列进行增加、删除、复制与移动等操作,操作方法与

Word 表格类似。

设置工作表的行和列实验要求与实验步骤如表 3.14 所示。

表 3.14 设置工作表的行和列实验要求与实验步骤

实 验 要 求	实 验 步 骤
（1）将"GDP 产值"列移到"人均 GDP"列之前。	（1）从列标处选中"GDP 产值"所在列，右击，在弹出的快捷菜单中选择"剪切"命令，从列标处选中"人均 GDP"列，右击，在弹出的快捷菜单中选择"插入剪切的单元格"命令实现列的移动。
（2）"国家名称"列之前插入一列，输入"序号"及如样文所示的序号数字。	（2）从列标处选中 A 列，右击，在弹出的快捷菜单中选择"插入"命令，即可插入一空白列。在 A1 单元格输入"序号"，在 A2 和 A3 单元格分别输入 1 和 2，选中这两个单元格，光标移到右下角，变成"十"字形状时（称为"填充柄"）按住鼠标左键下拖填充柄直至最后一个国家对应的行，即可完成填充序列数字的操作。
（3）在第一行之前插入一行，在该行的第一列输入标题"一带一路沿线部分国家信息"	（3）在行号处选中第一行，右击，在弹出的快捷菜单中选择"插入"命令，即可插入空白行，在 A1 单元格中输入标题。 ☞ 小贴士 • 通过按住 Ctrl+↓可到 Excel 表格最后一行，按住 Ctrl+→可到 Excel 表格最后一列。 • 数据序列是指有一定规律的数据，例如：1,2,3,…；一月，二月，三月，…；2020-1-1,2020-1-2,2020-1-3；等等。 • 等差序列可以输入起始两个数据然后拖动填充柄填充。 • 自动填充可以输入起始数据然后拖动填充柄填充。 • 等比序列填充需要单击"开始"菜单项，在"编辑"工具组中单击"填充"下拉按钮，打开"系列"对话框，进行相应的设置，如图 3.33 所示

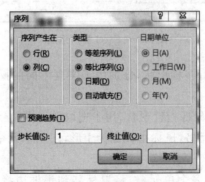

图 3.33 "序列"对话框

2）设置表格格式

表格格式包括数字、对齐、边框和底纹的设置。在 Excel 中选取一个或者多个单元格，右击，在弹出的快捷菜单中选择"设置单元格格式"命令，打开"设置单元格格式"对话框，可以对单元格进行数字、对齐、字体、边框、填充和保护方面的设置，如图 3.34 所示。

图 3.34　"设置单元格格式"对话框

　　Excel 中数据分为数字、文本、日期 3 类,这 3 类数据可分别定义不同的数据格式,如图 3.34 中的"数字"选项卡所示,Excel 表格格式的设置与 Word 有许多相似之处,大家在学习时应注意借鉴前面所学知识。

　　设置单元格格式实验要求与实验步骤如表 3.15 所示。

表 3.15　设置单元格格式实验要求与实验步骤

实 验 要 求	实 验 步 骤
(1) 标题格式。字体为隶书,字号为 20,字体颜色为"水绿色,个性色 5,深色 25%"。将 A1～J1 单元格设置为"茶色,背景 2,深色 10%"底纹。跨列居中。 　　(Excel 2010 版设置字体颜色:"水绿色,强调文字颜色 5,深色 25%"。) 　　(2) 表头格式。字体为楷体,加粗,字体颜色为"红色"。底纹设置为"黄色"。 　　(3) 单元格格式。"官方语言"一列中所有包含"英语"的单元格底纹设置为"25% 灰色"图案样式,图案颜色为"浅绿色"。"人均 GDP"一列的数据格式设置为货币格式,货币符号为 $,整数。"GDP 产值"以及最后 3 列的数据格式设置为保留两位小数。	(1) 字体、字号及底纹的设置同 Word 中的设置。 　　跨列居中:选中 A1～J1 单元格区域,右击,在弹出的快捷菜单中选择"设置单元格格式"命令,打开"设置单元格格式"对话框,在"对齐"选项卡"文本对齐方式"的"水平对齐"下拉列表中,选择"跨列居中"。 　　(2) 字体、字号及底纹的设置同 Word 中的设置。 　　(3) 单击"官方语言"一列中第 1 个包含"英语"的单元格,按住 Ctrl 键单击选中其余包含"英语"的单元格,打开"设置单元格格式"对话框,在"填充"选项卡中设置图案样式和图案颜色。 　　也可以采用以下方法:设置完第 1 个包含"英语"的单元格格式后,使用"格式刷"按钮对其余包含"英语"的单元格进行格式的复制("格式刷"按钮的使用方法见后面的"小贴士")。

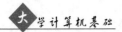

实 验 要 求	实 验 步 骤
	选中"人均 GDP"一列的数据，打开"设置单元格格式"对话框，如图 3.35 所示，在"数字"选项卡的"分类"栏中显示了各种数字格式，例如货币、日期、百分比等。此处选择"货币"，在此对话框中分别设置小数位数和货币符号。使用同样的方法设置"GDP 产值"以及最后 3 列的数据格式。
（4）行高列宽。将表格第 3～19 行的行高设置为 25，将表格第 A～J 列的列宽设置为"自动调整列宽"。	（4）选中第 3～19 行，右击，在弹出的快捷菜单中选择"行高"命令，在"行高"对话框中输入 25。选中第 A～J 列，单击"开始"菜单项，在"单元格"工具组中单击"格式"按钮下拉列表→"自动调整列宽"。 注：在单元格中输入数据时，如果数据长度超过了单元格的宽度，则超过部分将无法显示出来。通过设置单元格的"自动调整列宽"格式，当输入的内容超过单元格宽度时会自动调整列宽。
（5）对齐方式。除标题外所有单元格的数据对齐方式设置为"居中"与"垂直居中"。	（5）选中除标题外所有单元格，单击"开始"菜单，在"对齐方式"工具组中单击"居中"和"垂直居中"按钮。
（6）设置表格的边框。整个表格内边框设置为黑色细线，外边框设置为黑色粗线。将表格标题行的下边框线设置为双线。	（6）Excel 表格边框的设置方法与 Word 中的表格类似。选中 A1～J19 表格所在区域，单击"开始"菜单，在"字体"工具组中，单击"边框"按钮下拉列表，从中选择"所有框线"命令设置内边框框线，选择"粗匣框线"命令设置外边框框线；选择 A1～J1 区域，单击"边框"按钮下拉列表，选择"双底框线"设置表格标题行的下边框线。 也可以单击"边框"按钮下拉列表，选择"其他边框"命令，在"设置单元格格式"对话框的"边框"选项卡中进行表格边框的设置。
（7）套用表格格式。 ① 将"原数据"工作表重命名为"'一带一路'沿线部分国家信息"。 ② 新建一张工作表，命名为"'一带一路'沿线部分国家信息（副本）"，将"'一带一路'沿线部分国家信息"表中的数据在副本表中复制一份。 ③ 将副本表（除标题行之外）原有格式清除。 ④ 套用表格格式"表样式中等深浅 21"（"中等深浅"组中第 3 行最后 1 个）	（7）套用表格格式。 ① 工作表名显示在工作表标签上，系统默认工作表名为 Sheet1，双击工作表标签可为其修改名字。 ② Excel 默认一个工作簿有一个工作表（Excel 2010 默认有 3 个工作表），用户可以根据需要单击右侧的加号添加工作表，重新命名后，使用复制和粘贴功能实现复制（注意：为方便操作，选择复制区域时，可单击图 3.31 的"全选"按钮进行全部区域的选取）。 ③ 选取除标题行之外表格区域，单击"开始"菜单项，在"编辑"工具组中单击"清除"按钮的下拉列表→"清除格式"，将原有格式删除。 ④ 选取除标题行之外表格区域，单击"开始"菜单项，在"样式"工具组中单击"套用表格格式"按钮的下拉列表，选择"中等深浅"组中第 3 行最后 1 个。
	☞小贴士 • 跨列居中与合并后居中。 　跨列居中：在不合并旁边单元格的情况下达到合并居中的视觉效果。 　合并后居中：将多个单元格合并后居中的视觉效果（单击"开始"菜单，在"对齐方式"工具组中单击"合并后居中"按钮）。

续表

实 验 要 求	实 验 步 骤
	• "格式刷"按钮可以实现格式的复制,使用方法是:选中设置好格式的单元格,单击"开始"菜单项,双击"剪贴板"工具组中的"格式刷"按钮,鼠标变为"刷子"形状,则可以选择需要复制格式的单元格区域进行格式的复制,双击"格式刷"按钮,在复制格式时就可在不退出格式刷模式的状态下复制到多个位置。再次单击"格式刷"按钮,或按 Esc 键可退出格式刷模式。 • Excel 中的"清除"功能可以将表中的数据和格式一起清除,也可以分别清除数据或格式

图 3.35　货币数据格式的设置

3）设置页面格式

在打印 Excel 时,如果希望像 Word 一样有页眉和页脚或要调整一页的打印范围,可以通过"页面设置"对话框实现。单击"页面布局"菜单项,在"页面设置"工具组中单击右下角的箭头打开"页面设置"对话框,如图 3.36 所示。在"页面"选项卡中进行纸张大小、方向的设置并可以放大(缩小)工作表或选定区域的比例,使其适应打印的页数。在"页边距"选项卡中可以指定数据与页面上、下、左、右的距离,以及页眉与页面顶部或页脚与页面底部之间的距离,并可以设置数据表在页边距内的居中方式。在"页眉/页脚"选项卡中可以为页面设置系统指定的或自己定义的页眉页脚信息。在"工作表"选项卡中可以设置需要打印的区域以及每页重复打印的行(列)标题。

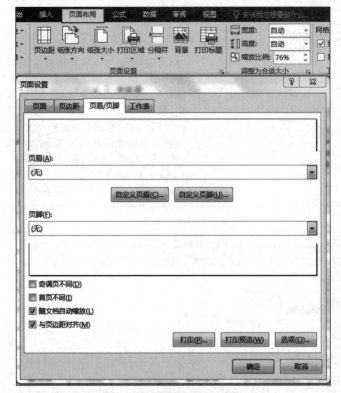

图 3.36 "页面设置"对话框

设置页面格式实验要求与实验步骤如表 3.16 所示。

表 3.16 设置页面格式实验要求与实验步骤

实 验 要 求	实 验 步 骤
在"'一带一路'沿线部分国家信息"工作表中进行如下设置。 (1) 页眉:填写"'一带一路'沿线部分国家信息"(居中)、红色加粗。 (2) 页脚:填写当前日期(靠右),填写"第×页"(居中)。 (3) 将表格水平垂直居中,在打印预览中观察效果	单击"'一带一路'沿线部分国家信息"工作表标签,打开该工作表。 (1) 单击"页面布局"菜单项,在"页面设置"工具组中单击右下角的箭头打开"页面设置"对话框,单击"页眉/页脚"选项卡,单击"自定义页眉"按钮,将光标放置在"页眉"对话框的"中"空白栏输入"'一带一路'沿线部分国家信息"文字,单击"格式文本"按钮进行字体格式的设置,如图 3.37 所示。 (2) 按上面的步骤打开"页面设置"对话框,单击"页眉/页脚"选项卡,单击"自定义页脚"按钮,将光标放置在"页脚"对话框的"中"空白栏,单击"插入页码"按钮并在"&[页码]"左右输入文字"第"与"页"。将光标放置在"右"空白栏,单击"插入日期"按钮,出现"&[日期]"显示,如图 3.38 所示。 (3) 打开"页面设置"对话框,单击"页边距"选项卡,选中"居中方式"中的"水平"和"垂直"选项。 单击"文件"菜单项→"打印",观察打印效果,如图 3.39 所示。 ☞ 小贴士 • Excel 中的页眉与页脚信息只有在"页面布局"或"打印预览"视图中才可以显示。 • 可以在"分页预览"视图中拖动分页符(蓝色的虚线)来调整打印页数

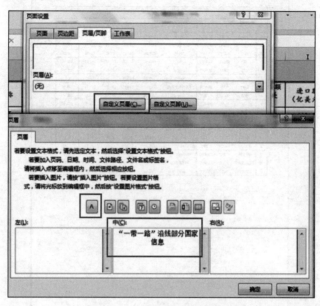

图 3.37 "自定义页眉"的设置

图 3.38 "自定义页脚"的设置

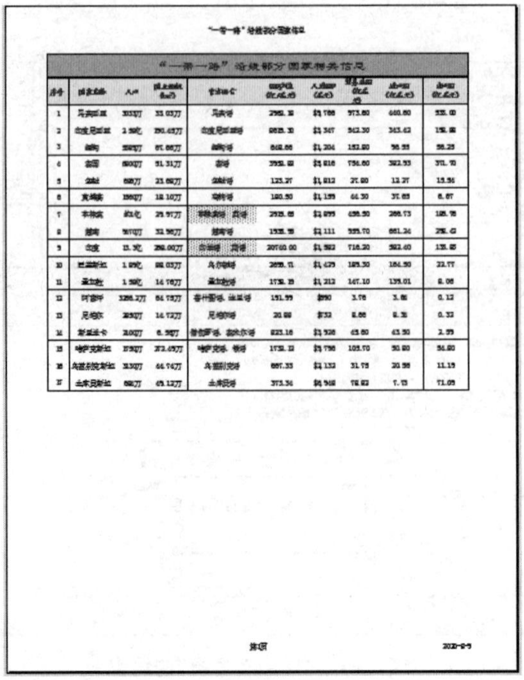

图 3.39　打印预览效果

4）其他

（1）定义单元格（单元格区域）名称。

可以为单元格或单元格区域定义一个名称，这样在公式或函数中通过引用名称可以增加可读性。例如，统计总分时，会使用 SUM 进行求和，即"＝SUM（B2:B7）"，如果给 B2:B7 这个区域起个名字叫"数学"的话，公式可以写成"＝SUM（数学）"。用同样的方法，可以给每个科目起一个便于理解的名字，在对这些科目进行统计时，公式就可以直接使用对应的名称，如图 3.40 所示。

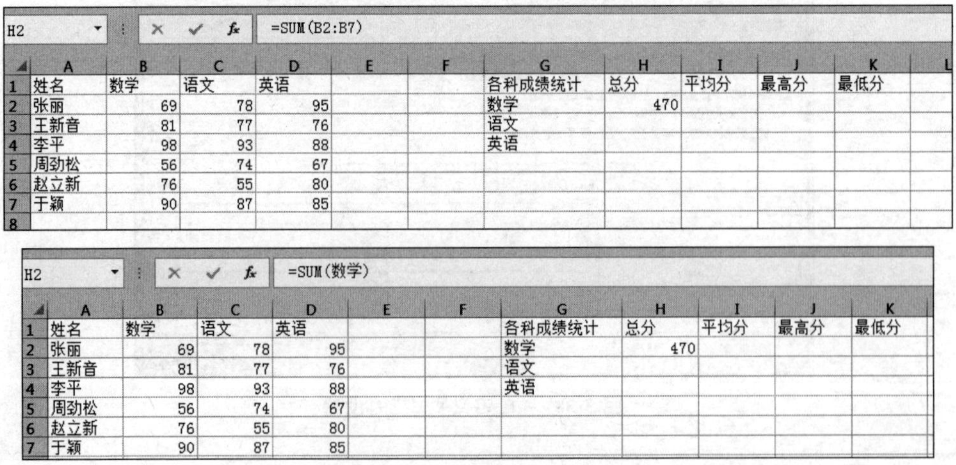

H2 　　　fx =SUM(B2:B7)

	A	B	C	D	E	F	G	H	I	J	K	L
1	姓名	数学	语文	英语			各科成绩统计	总分	平均分	最高分	最低分	
2	张丽	69	78	95			数学	470				
3	王新音	81	77	76			语文					
4	李平	98	93	88			英语					
5	周劲松	56	74	67								
6	赵立新	76	55	80								
7	于颖	90	87	85								
8												

H2 　　　fx =SUM(数学)

	A	B	C	D	E	F	G	H	I	J	K
1	姓名	数学	语文	英语			各科成绩统计	总分	平均分	最高分	最低分
2	张丽	69	78	95			数学	470			
3	王新音	81	77	76			语文				
4	李平	98	93	88			英语				
5	周劲松	56	74	67							
6	赵立新	76	55	80							
7	于颖	90	87	85							

图 3.40　"名称"的应用

名称的定义方法是选中单元格或单元格区域,在图 3.31 所示的名称栏中输入名称即可,如图 3.41 所示。

图 3.41　"名称"的定义

(2) 添加批注。

在 Excel 中可以为输入的数据添加一些说明或备注信息等,我们可以用批注功能实现。

添加批注的方法:选择需要添加批注的单元格并右击,在弹出的快捷菜单中选择"插入批注"命令,在出现的批注框中输入文字。为单元格添加批注后,单元格右上角会出现一个红色的三角,将鼠标指针移动到添加了批注的单元格上,批注即显示,如图 3.42 所示。再次右击,在弹出的快捷菜单中可以选择"编辑批注""删除批注"等操作,对批注进行编辑或删除操作。

图 3.42　"批注"的应用

其他实验要求与实验步骤如表 3.17 所示。

表 3.17　其他实验要求与实验步骤

实 验 要 求	实 验 步 骤
（1）定义单元格名称。 ① 将"GDP 产值"单元格的名称定义为"GDP 总产值"。 ② 将"国家名称"列自"马来西亚"至"土库曼斯坦"的单元格区域的名称设置为"国家"。 （2）添加批注。 为"官方语言"一列中的"马来语"单元格添加批注"跟印尼语是同一种语言"	（1）选中单元格或单元格区域，参照图 3.41 进行定义即可。 （2）选中 E3 单元格，右击，在弹出的快捷菜单中选择"插入批注"，在出现的批注框中输入文字"跟印尼语是同一种语言"，如图 3.42 所示。 ☞ 小贴士 • 如果想对已经定义的名称进行修改或删除，单击"公式"菜单项，选择"名称管理器"，打开"名称管理器"对话框，在其中选择需要编辑或删除的名称进行相关操作即可。 • 插入批注后如果需要设置批注的填充色及边框等格式，则进入"编辑批注"状态，右击批注编辑框，在弹出的快捷菜单中选择"设置批注格式"命令即可，如图 3.43 所示

图 3.43　"批注"格式的设置

5. 基本操作实验总结

本实验以"'一带一路'沿线部分国家相关信息"表为素材，介绍了 Excel 的一些基本概念与操作。在录入数据时，为了提高输入速度，可以采用填充柄实现有规律的序列数据的输入。通过应用不同的数字格式，可以将数据显示为货币、百分比、日期等形式。通过对表格进行各种边框底纹及套用格式的设置使得数据表的显示更加美观清晰。页眉和页脚以及表格对齐方式的设置将会实现更好的表格打印输出效果。

1）重点内容

（1）工作表行与列的操作。

（2）表格格式的设置。

（3）页面格式的设置。

（4）定义名称与添加批注操作。

2）难点内容

（1）单元格数据格式的设置。

（2）使用填充柄建立序列数据的方法。

（3）页眉和页脚的设置方法。

3.2.2　公式与函数

1. 实验目的

通过实验案例掌握 Excel 公式和常用的计算、统计、判断函数的使用方法以及单元格相对引用与绝对引用的概念与适用场景。

2. 实验素材

公式与函数

实验素材为"2015—2019 年国民经济和社会发展统计表"，通过学习和使用 Excel 公式和函数，从这些计算出的经济数据中可以体会到党中央对社会经济发展与建设的高度重视。短短 5 年取得了人民看得见、感受得到的历史性成就，形成了国家经济发展稳步提升，人民生活福祉持续增进的大好局面。

3. 实验要求

对照图 3.44 所示结果样表，使用 Excel 公式与函数功能对"原数据"表完成如下计算。

2015—2019年国民经济和社会发展统计表（数据来源：国家统计局官网）									
年份	国民生产总值（亿元）	新增就业人数（万人）	全国农村贫困人口数（万人）	贫困人口与上年相比下降率	货物进口额（亿元）	货物出口额（亿元）	货物进出口总额（亿元）	国家外汇储备（亿美元）	国家外汇储备排名	国家外汇储备情况说明
2015年	¥688,858	1312	5575	/	¥104,336	¥141,167	¥245,503	$33,304	1	2015年外汇储备不低于均值
2016年	¥746,395	1314	4335	22.24%	¥104,967	¥138,419	¥243,386	$30,105	5	
2017年	¥832,036	1351	3046	29.73%	¥124,790	¥153,309	¥278,099	$31,399	2	2017年外汇储备不低于均值
2018年	¥919,281	1361	1660	45.50%	¥140,881	¥164,129	¥305,010	$30,727	4	
2019年	¥990,865	1352	551	66.81%	¥143,162	¥172,342	¥315,504	$31,079	3	
合计	¥4,177,435	6690	15167		¥618,136	¥769,366	¥1,387,502	$156,614		
平均	¥835,487.0	1338.0	3033.4	41.07%	¥123,627.2	¥153,873.2	¥277,500.4	$31,322.8		
最高	¥990,865	1361	5575	66.81%	¥143,162	¥172,342	¥315,504	$33,304		
最低	¥688,858	1312	551	22.24%	¥104,336	¥138,419	¥243,386	$30,105		
国家外汇储备大于五年均值的年份个数：									2

图 3.44　公式函数结果样表

1）利用公式完成计算

（1）利用公式计算"贫困人口与上年相比下降率"一列的值，计算公式为：（上年贫困人口数－本年贫困人口数)/上年贫困人口数。

(2) 利用公式计算 2015—2019 年"国民生产总值"的合计和平均值。求合计值计算公式为：5 年数据相加。求平均值计算公式为：合计值除以 5。

2) 利用函数完成计算

(1) 利用求和函数(SUM)计算"货物进出口总额"一列的值,求"货物进口额"和"货物出口额"两列的合计。

(2) 利用求和函数(SUM)、平均函数(AVERAGE)计算从"新增就业人数"到"国家外汇储备"这几列的合计、平均值("贫困人口与上年相比下降率"一列不计算合计值)。

(3) 利用最大值函数(MAX)、最小值函数(MIN)计算从"国民生产总值"到"国家外汇储备"这几列的最大值、最小值。

(4) 利用排名函数(RANK)对"国家外汇储备"列的值进行降序排名。

(5) 利用判断函数(IF)依据以下规则填写"国家外汇储备情况说明"列的值：如果外汇储备大于或等于均值,则该列中填写该年份及"外汇储备不低于均值"字样,否则该列为空白。

(6) 利用统计函数(COUNTIF)计算"国家外汇储备"一列大于平均值的年份个数,将计算结果放置在"国家外汇储备"列下方对应的单元格中。

3) 单元格数字格式设置

按照样张设置各列的数字类型。

4) 条件格式设置

利用条件格式功能为"国家外汇储备"一列大于平均值的单元格添加红色、加粗字体格式并设置"12.5%灰色"图案样式及深红色图案颜色。

4. 实验步骤说明

1) 利用公式完成计算

Excel 中的公式是以"="开始,由单元格、运算符(见表 3.18)、常数、括号等元素按一定顺序连接在一起,复杂的公式还可以包括函数,例如"=(B5＋C5－D5)＊G5""=(SUM(C6:K6)－L6－M6)/7"。

表 3.18　Excel 中的各类运算符

各类运算符	举　例
算术运算符	＋,－,＊,/,^
比较运算符	＝,＞,＞＝,＜＝,＜,＜＞
逻辑运算符	AND,OR,NOT
文本运算符	&

建立公式的方法是：首先在需要建立公式的单元格中输入一个"=",然后再输入相应的公式。例如,图 3.45 中要计算 3 门课的总分,则在 D2 单元格中输入"=",单击需要计算的第 1 个单元格 A2,输入"＋",然后再依次单击其余的单元格并输入"＋"运算符,

形成最终的公式"＝A2＋B2＋C2",然后按回车键,则在 D2 单元格中将显示计算结果,如图 3.45 所示。D2 以下的单元格计算公式完全相同,只是单元格地址不同。我们不用依次在每个单元格中输入计算公式,而是可以利用填充柄的复制功能来完成公式的填充。方法是将鼠标放到 D2 单元格的右下角,鼠标变成十字(称为填充柄),向下拖动填充柄可以完成 D2 单元格公式的复制,随着公式的复制,单元格地址自动发生变化。单击 D3 单元格观察编辑栏中的公式,即可发现 D3 单元格中的公式变为"＝A3＋B3＋C3",D4 单元格中的公式变为"＝A4＋B4＋C4",……在 Excel 中,单元格地址随着公式的复制而自动发生变化的引用方式称为相对引用。

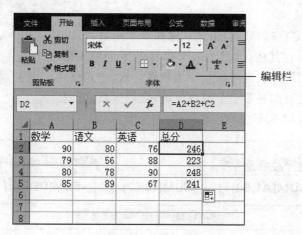

图 3.45　建立公式

利用公式完成计算实验要求与实验步骤如表 3.19 所示。

表 3.19　利用公式完成计算实验要求与实验步骤

实 验 要 求	实 验 步 骤
(1) 利用公式计算"贫困人口与上年相比下降率"一列的值,计算公式为:(上年贫困人口数－本年贫困人口数)/上年贫困人口数。 (2) 利用公式计算 2015—2019 年"国民生产总值"的合计和平均值。合计计算公式为:5 年数据相加。平均计算公式为:合计值除以 5	(1) 单击 E4 单元格,输入公式: "＝(D3－D4)/D3" 使用填充柄纵向复制该公式到 E7 单元格。 (2) 单击 B8 单元格,输入公式: "＝B3＋B4＋B5＋B6＋B7" 单击 B9 单元格,输入公式: "＝B8/5" ☞**小贴士** 　我们发现如果需要计算求和的单元格数量较多时,采用公式计算会比较烦琐,如果使用求和函数(SUM)实现就非常便捷

2) 利用函数完成计算

函数是一种内部预定义的公式,用来完成复杂的计算、判断和统计等功能。

(1) 函数的主要作用。

① 简化公式:在 Excel 中使用函数可以大大简化公式。计算 2015—2019 年"国民生

产总值"的合计,如果不用函数,则需要在 B8 单元格中输入公式"＝B3＋B4＋B5＋B6＋B7",如果使用函数,则在 B8 单元格中输入求和函数"＝SUM(B3:B7)"即可。

② 实现其他公式无法实现的计算。例如求最大值、最小值、排名、逻辑判断、统计等功能都必须通过相关函数实现。

(2) 函数的种类。

函数共分为 12 类,405 种,分别用于实现不同的操作,如图 3.46 所示。

(3) 函数的语法。

函数是由函数名(参数列表)组成。例如求和函数:SUM(参数 1,参数 2,…)。其中,参数列表可以是若干个单元格,单元格之间使用逗号分隔;也可以是一块数据区域,单元格之间使用冒号分隔;还可以是若干个数据区域,数据区域之间使用逗号分隔,如图 3.47 所示。

函数分类(12 类)
◆ 数学与三角函数
◆ 统计函数
◆ 日期时间函数
◆ 文本函数
◆ 数据库函数
◆ 财务函数
◆ 信息函数
◆ 逻辑函数
◆ 工程函数
◆ 查询和引用函数
◆ 用户自定义函数
◆ 兼容性函数

图 3.46　Excel 中函数的种类

图 3.47　函数中的参数列表举例

(4) 常用函数的语法与功能。

① SUM 函数。用于返回单元格区域中所有数值的和。

SUM(参数 1,[参数 2],…,[参数 n])

例如:"＝SUM(D5:H5)"

② AVERAGE 函数。用于计算单元格区域中所有数值的平均值。

AVERAGE(参数 1,[参数 2],…,[参数 n])

例如:"＝AVERAGE(D5:H5)"

③ MAX 函数。用于返回单元格区域中所有数值的最大值。

MAX(参数 1,[参数 2],…,[参数 n])

例如:"＝MAX(D2:D19)"

④ MIN 函数。用于返回单元格区域中所有数值的最小值。

MIN(参数 1,[参数 2],…,[参数 n])

例如:"＝MIN(D2:D19)"

⑤ RANK 函数。用于返回某数字在一列数字中相对于其他数值的大小排名。

RANK(需要排名的单元格地址,排名的区域范围,设置升降序方式)

例如:"＝RANK(C4,＄C＄4：＄C＄18)"

注意:

- 排名的区域范围。此处"排名的区域范围"单元格地址参数加上了＄符号,表示地址是绝对引用方式。由于填充柄复制公式时,单元格地址默认是相对引用方式,所以就发生了排名区域范围改变的情况,即从C4:C18变为C5:C19、C6:C20,以此类推,而排名区域范围在排名过程中是不能改变的。也就是说,C4:C18地址范围在公式复制时是不能改变的,所以这里需要引入一个新的地址引用方式,即绝对引用方式。绝对引用方式就是在公式复制时,单元格地址不随公式的复制而改变。引用方法就是在单元格地址的行标和列标前面分别加上一个符号＄。
- 升降序方式。如果是降序排名,此栏为空,否则需要填写一个非零的数值。

⑥ IF函数。用于判断是否满足某个条件,如果满足返回一个值,如果不满足则返回另一个值。

IF(条件判断,结果为真的返回值,结果为假的返回值)

例如:"＝IF(C4>＝60,2,0)"

⑦ COUNTIF函数。用于统计某个区域中满足给定条件的单元格个数。

COUNTIF(统计区域,条件)

例如:"＝COUNTIF(C4:C18,"<60")"

(5) 函数的建立方法。

选中需要输入函数的单元格输入"＝",在图3.48的函数列表中选择所需函数,如果函数没有出现在列表中,则选择列表中的"其他函数",出现"插入函数"对话框,如图3.48

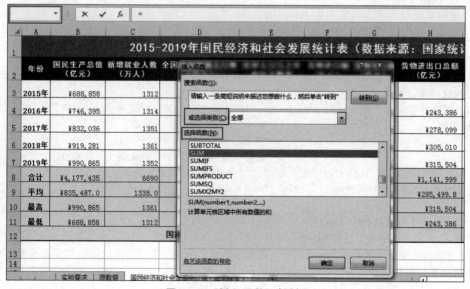

图3.48 "插入函数"对话框

所示。在"或选择类别"列表中选择"全部",然后在"选择函数"列表框中选择所需函数。在出现的"函数参数"对话框中,单击图 3.49 右侧的红色箭头按钮,此时"函数参数"对话框被折叠起来,在表格中用鼠标拖动选取参与计算的单元格区域即可。

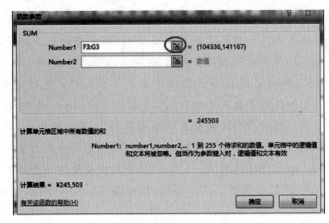

图 3.49　"函数参数"对话框

利用函数完成计算实验要求与实验步骤如表 3.20 所示。

表 3.20　利用函数完成计算实验要求与实验步骤

实 验 要 求	实 验 步 骤
（1）利用求和函数（SUM）计算"货物进出口总额"一列的值,求"货物进口额"和"货物出口额"两列的合计。 （2）利用求和函数（SUM）、平均函数（AVERAGE）计算从"新增就业人数"到"国家外汇储备"这几列的合计、平均值（"贫困人口与上年相比下降率"一列不计算合计值）。	（1）单击 H3 单元格,建立公式: "=SUM(F3:G3)"。 使用填充柄纵向复制该公式到 H7 单元格。 （2）单击 C8 单元格,建立公式: "=SUM(C3:C7)"。 使用填充柄横向复制该公式到 I8 单元格,删除 E8 单元格中的数值。 单击 C9 单元格,建立公式: "=AVERAGE(C3:C7)"。 使用填充柄横向复制该公式到 I9 单元格。
（3）利用最大值函数（MAX）、最小值函数（MIN）计算从"国民生产总值"到"国家外汇储备"这几列的最大值、最小值。	（3）单击 B10 单元格,建立公式: "=MAX(B3:B7)"。 使用填充柄横向复制该公式到 I10 单元格。 单击 B11 单元格,建立公式: "=MIN(B3:B7)"。 使用填充柄横向复制该公式到 I11 单元格。
（4）利用排名函数（RANK）对"国家外汇储备"列的值进行降序排名。	（4）单击 J3 单元格,建立公式: "=RANK(I3,$I$3:$I$7)"。 使用填充柄纵向复制该公式到 J7 单元格。
（5）利用判断函数（IF）依据以下规则填写"国家外汇储备情况说明"列的值:如果外汇储备大于或等于均值,则该列中填写该年份及"外汇储备不低于均值"字样,否则该列为空白。	（5）单击 K3 单元格,建立公式: "=IF(I3>=$I$9,A3&"外汇储备不低于均值","")"。 此处"国家外汇储备"平均值单元格地址 I9 需要采用绝对引用保证公式复制时,I9 地址不变。两个西文双引号表示空白。 使用填充柄纵向复制该公式到 K7 单元格。

续表

实 验 要 求	实 验 步 骤
（6）利用统计函数（COUNTIF）计算"国家外汇储备"—列大于平均值的年份个数，将计算结果放置在"国家外汇储备"列下方对应的单元格中	（6）单击 I12 单元格，建立公式："=COUNTIF(I3:I7,">"&I9)"。 ☞小贴士 • 文本连接符 & 的作用是将两个单元格内容连接起来，例如："=A3&B3"。如果需要连接文字，则文字要用西文双引号括起来，例如："=A3&"外汇储备不低于均值""。 • COUNTIF 函数如果比较的是一个具体的数值，则直接在比较运算符后输入数值系统会自动为表达式添加西文双引号，如"=COUNTIF(I3:I7,">31322.8")"，按 Enter 键后在公式所在单元格得到计算结果 2。 如果比较的是一个单元格中的数据，则在比较运算符后选取单元格地址系统会自动为表达式添加西文双引号，如"=COUNTIF(I3:I7,">I9")"，按 Enter 键后在公式所在单元格得到计算结果 0。这个计算结果是错误的，显然公式的构成有错，将公式修改为"=COUNTIF(I3:I7,">"&I9)"，其中 ">"&I9 表示大于 I9 单元格中的数据，按 Enter 键后将得到正确的计算结果，即如果比较的是单元格，则需使用 & 文本连接符号连接单元格地址且必须写在西文双引号外面

3）单元格数字格式设置

按照样张设置各列的数字类型。此部分内容为前面实验案例中介绍的内容，此处不再赘述。

4）条件格式设置

使用 Excel 的条件格式功能可以在工作表中按照设置的条件更改单元格区域的外观。如果单元格中的数据符合条件，则会基于该条件设置单元格区域的格式，否则保持原来的格式。Excel 提供了丰富的条件格式，如利用特殊颜色、数据条的长短、渐变色、图标集等标出满足条件的数据或数据在表中的大小排位，可以非常直观地显示所关注的数据。也可以自己定义条件规则，将满足条件的单元格数据用相应的字体、边框、填充颜色等格式标注出来。

设置条件格式的方法是：选中需要设置条件格式的区域，单击"开始"菜单项，单击"样式"工具组中的"条件格式"按钮下拉列表，选择自己需要的条件格式，如图 3.50 所示。

图 3.50 "条件格式"按钮下拉列表

如果图 3.50 中没有需要的条件格式，则单击"新建规则"命令创建一个新的条件格式。在"新建格式规则"对话框中选择"只为包含以下内容的单元格设置格式"选项，如图 3.51 所示，在"编辑规则说明"栏中设置条件规则，单击"预览"区右侧的"格式"按钮，打开"设置单元格格式"对话框，如图 3.52 所示，在其中进行格式设置即可。

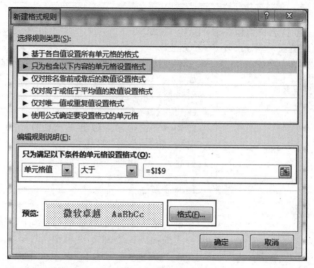

图 3.51 "新建格式规则"对话框

图 3.52 "设置单元格格式"对话框

条件格式实验要求与实验步骤如表 3.21 所示。

表 3.21 条件格式实验要求与实验步骤

实 验 要 求	实 验 步 骤
利用条件格式功能为"国家外汇储备"一列大于平均值的单元格添加红色、加粗字体格式并设置"12.5％灰色"图案样式及深红色图案颜色	选中 I3～I7 单元格区域,单击"开始"菜单项,单击"样式"工具组中的"条件格式"按钮下拉列表,单击"新建规则"命令创建一个新的条件格式。在"新建格式规则"对话框中选择"只为包含以下内容的单元格设置格式"选项,如图 3.51 所示,在"编辑规则说明"栏中设置条件规则,单击"预览"区右侧的"格式"按钮,打开"设置单元格格式"对话框,如图 3.52 所示,在其中进行格式设置即可(单元格底纹的设置在图 3.52 的"填充"选项卡中)。 ☞小贴士 • Excel 的条件格式应用广泛,例如,本月哪些员工的销售额超过 100 万元? 哪些产品的年收入增长幅度大于 10％? 部门中谁的业绩最好? 部门中谁的业绩最差? 一列中哪些数据重复了? 哪些数据是唯一的? 哪些员工当月过生日等,这些情况都可以采用条件格式来突出显示所关注的单元格区域数据

5. 公式函数实验总结

本实验以"2015—2019 年国民经济和社会发展统计表"为素材,介绍了 Excel 公式与函数的使用。在执行一些简单的计算时可以利用单元格、括号、运算符等组成计算公式,但一些比较复杂或用简单公式无法实现的运算就需要利用函数来完成。Excel 共有 12 类函数,常用的有合计、平均、最大值、最小值、排名、判断、统计等函数。如果若干连续的单元格计算方法相同,则可以利用填充柄复制公式。公式复制时单元格地址会随着公式的复制而自动发生变化,这种地址引用方式称为相对引用。如果希望公式复制时表达式中的单元格地址不变,则采用绝对引用方式,即在单元格地址的行标和列标前面分别加上一个符号＄。在 Excel 中可以使用条件格式功能来突出显示关注的数据。

1) 重点内容

(1) 公式与函数的建立方法。

(2) 合计、平均、最大值、最小值、排名、判断、统计函数的使用。

(3) 相对地址与绝对地址的适用场景与使用方法。

(4) 条件格式。

2) 难点内容

(1) 排名、判断、统计函数的使用。

(2) 绝对地址的使用。

3.2.3 图表

1. 实验目的

在数据爆炸的当今时代,面对大量繁杂的数据,人们可能很难一下找到重点,看出数

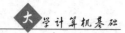

据背后蕴藏的含义,所以借助于图形化手段实现数据可视化可以帮助人们快速获取数据中隐含的信息,从而做出正确的决策。目前数据可视化工具有很多,例如 Python、Tableau 等。而 Excel 软件的图表功能因其简单实用、效果好,得到了广泛应用。

下面通过实验案例了解 Excel 图表的类型,掌握图表的制作与修饰方法。

图表

2. 实验素材

实验素材为"1970—2019 年世界 10 国 GDP 数据统计表",在这些数据中我们希望了解各个国家 GDP 数据走势。2019 年以这 10 个国家 GDP 的和作为一个整体,计算各国占比情况;中美日三大经济体 GDP 数据对比;中日印亚洲三国的经济发展情况等。通过学习和使用 Excel 图表功能,可以直观有效地抓住要点信息。

3. 实验要求

以图 3.53 所示的"原数据"工作表为数据源,利用 Excel 图表功能制作各种图表。

1970—2019年世界10国GDP数据统计表（单位：亿美元）									
年份	美国	中国	日本	德国	印度	英国	法国	意大利	巴西	加拿大
1970	10733.03	926.03	2126.09	2150.22	624.22	1306.72	1484.56	1130.21	423.28	878.96
1971	11648.50	998.01	2401.52	2490.39	673.51	1481.14	1659.67	1242.61	492.04	992.72
1972	12791.10	1136.88	3180.31	2986.67	714.63	1699.65	2034.94	1447.81	585.39	1130.83
1973	14253.76	1385.44	4320.83	3968.67	855.15	1925.38	2644.30	1749.13	792.79	1313.22
1974	15452.43	1441.82	4796.26	4436.19	995.26	2061.31	2855.52	1989.06	1051.36	1604.09
1975	16849.04	1634.32	5215.42	4887.80	984.73	2417.57	3608.32	2269.45	1237.09	1738.34
2006	138146.11	27521.32	45303.77	30024.46	9402.60	26971.52	23185.94	19426.34	11076.40	13154.15
2007	144518.59	35503.42	45152.65	34399.53	12167.35	30841.18	26572.13	22030.53	13970.84	14649.77
2008	147128.44	45943.07	50379.08	37523.66	11988.95	29040.37	29183.83	23907.29	16958.25	15491.31
2009	144489.33	51017.02	52313.83	34180.05	13418.87	23947.86	26902.22	21851.60	16670.20	13711.53
2010	149920.53	60871.65	57000.98	34170.95	16756.15	24529.00	26426.10	21250.58	22088.72	16135.43
2011	155425.81	75515.00	61574.60	37576.98	18230.50	26348.96	28814.08	22762.92	26162.02	17891.41
2012	161970.07	85322.31	62032.13	35439.84	18276.38	26766.05	26838.25	20728.23	24651.89	18239.67
2013	167848.49	95704.06	51557.17	37525.14	18567.22	27535.65	28110.78	21304.91	24728.06	18420.18
2014	175217.47	104385.29	48504.14	38987.27	20391.27	30347.29	28521.66	21517.33	24559.94	18014.80
2015	182192.98	110155.42	43894.76	33813.89	21035.88	28964.21	24382.08	18322.73	18022.14	15529.00
2016	187071.88	111379.46	49266.67	34951.63	22904.32	26592.39	24712.86	18692.02	17962.75	15267.06
2017	194853.94	121434.91	48599.51	36932.04	26525.51	26378.66	25862.85	19465.70	20535.95	16468.67
2018	204941.00	136081.52	49709.16	39967.59	27263.23	28252.08	27775.35	20739.02	18686.26	17093.27
2019	214315.52	143635.77	50827.82	38463.33	28521.36	28271.80	27083.68	20012.90	18391.46	17632.51

图 3.53 "原数据"工作表

说明:图 3.53 中 1976—2005 年的数据看不到,是因为表太大,截图时把中间数据隐藏了。后面不同的图表根据实际需要选择不同年份的数据源。

1) 实验一:制作 1970—2019 年世界 10 国 GDP 数据走势图(折线图)

(1) 生成折线图:在"原数据"表中以 1970—2019 年世界 10 国 GDP 数据为数据源,用折线图表示 1970—2019 年世界 10 国 GDP 数据变化趋势。

(2) 设置图表标题:为图表添加标题"1970—2019 年世界 10 国 GDP 数据走势图",并设置标题字号为 18。

（3）设置坐标轴。

① 横坐标轴标题为"年份"。

② 横坐标轴名称倾斜 45°。

③ 纵坐标轴标题为"单位：亿美元"，将其移动到纵坐标轴上方。

④ 纵坐标轴刻度最小值为 600。

（4）设置绘图区格式：绘图区填充"虚线网格"的图案样式，前景色为"橙色，个性色 6，深色 50%"，背景色为"茶色，背景 2"。

注：Excel 2010 版前景色设置为"橙色，强调文字颜色 6，深色 50%"。

（5）设置图表区格式：图表区用"再生纸"填充。

（6）设置数据系列格式：将"中国"的数据系列设置为红色，添加"外部"的"居中偏移"阴影，将中国 2019 年数据点线段改为箭头形状。其他国家的数据系列颜色请自行设定。

（7）设置图表位置：移动图表到新工作表中，新工作表命名为"实验一"。

实验一结果样图如图 3.54 所示。

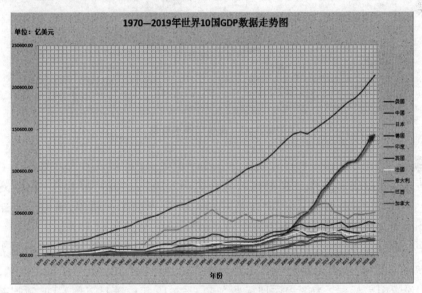

图 3.54 实验一结果样图

2）实验二：制作 2019 年世界 10 国 GDP 数据分布图（三维饼图）

（1）生成三维饼图：在"原数据"表中以 2019 年世界 10 国 GDP 数据为数据源，用饼图表示 2019 年世界 10 国 GDP 数据分布图。

（2）设置图表标题：为图表添加标题"2019 年世界 10 国 GDP 数据分布图"，并设置标题字号为 20。

（3）设置图表区格式：图表区用图片填充。

（4）设置数据标签：添加"类别名称""值""百分比""显示引导线"数据标签，"标签位置"设置为"最佳匹配"。

（5）设置数据点格式：分别将"美国""中国""日本"3 个国家的数据点扇形填充为"图案填充""渐变填充""纹理填充"，填充样式和效果请自行设定。

（6）设置数据点突出显示：将"中国"数据点从饼图中移动出来，突出显示。

（7）设置图例位置及格式：将图例位置设置为"右上"，字号为 12。

（8）设置图表位置：移动图表到新工作表中，新工作表命名为"实验二"。

实验二结果样图如图 3.55 所示。

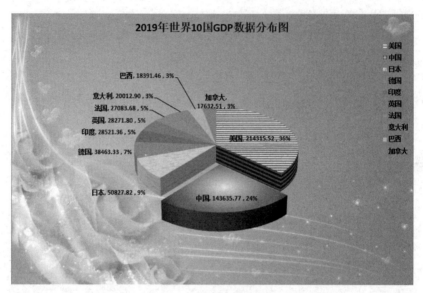

图 3.55　实验二结果样图

3）实验三：制作 2000—2019 年中美日三国 GDP 数据差距对比图（簇状柱形图-折线图）

（1）建立数据源：新建一张工作表并命名为"实验三"，将"原数据"表中美日三国 2000—2019 年的 GDP 数据复制到"实验三"表 A1 开始的单元格中，使用公式计算中美差距和中日差距并填入相应列中构成实验三的数据源，如图 3.56 所示。

（2）生成"簇状柱形图-折线图"：以中美日三国 2000—2019 年的 GDP 数据为数据源制作簇状柱形图，以中美差距和中日差距为数据源制作折线图。

（3）设置图表标题：为图表添加标题"2000—2019 年中美日三国 GDP 数据差距对比图"，并设置标题字号为 18。

（4）设置图表样式：将图表样式设置为"样式 6"。

注：Excel 2010 版将图表样式设置为"样式 42"。

（5）设置数据系列格式：将"中日差距"系列设置为红色折线，将"中美差距"系列设置为黄色折线，折线宽度为 2.25 磅。

（6）设置图例位置：将图例位置设置为"靠上"。

（7）添加数据表：在图表下方添加"数据表"并设置"显示图例项标示"。

（8）设置图表位置：将图表放置在本工作表数据表的下方。

实验三结果样图如图 3.57 所示。

2000—2019年中美日三国GDP数据对比表（单位：亿美元）					
年份	美国	中国	日本	中美差距	中日差距
2000	102523.45	12113.47	48875.20	90409.99	-36761.73
2001	105818.21	13393.96	43035.44	92424.26	-29641.49
2002	109364.19	14705.50	41151.16	94658.69	-26445.66
2003	114582.44	16602.88	44456.58	97979.56	-27853.70
2004	122137.29	19553.47	48151.49	102583.82	-28598.02
2005	130366.40	22859.66	47554.11	107506.74	-24694.45
2006	138146.11	27521.32	45303.77	110624.80	-17782.45
2007	144518.59	35503.42	45152.65	109015.16	-9649.22
2008	147128.44	45943.07	50379.08	101185.37	-4436.02
2009	144489.33	51017.02	52313.83	93472.31	-1296.80
2010	149920.53	60871.65	57000.98	89048.88	3870.66
2011	155425.81	75515.00	61574.60	79910.81	13940.41
2012	161970.07	85322.31	62032.13	76647.77	23290.18
2013	167848.49	95704.06	51557.17	72144.43	44146.89
2014	175217.47	104385.29	48504.14	70832.17	55881.16
2015	182192.98	110155.42	43894.76	72037.55	66260.67
2016	187071.88	111379.46	49266.67	75692.43	62112.79
2017	194853.94	121434.91	48599.51	73419.02	72835.41
2018	204941.00	136081.52	49709.16	68859.48	86372.36
2019	214315.52	143635.77	50827.82	70679.75	92807.95

图 3.56　实验三数据源

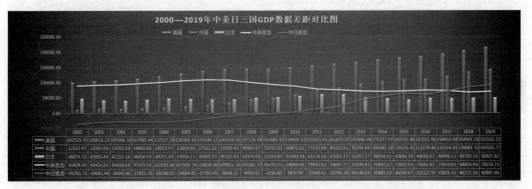

图 3.57　实验三结果样图

4）实验四：制作 2010—2019 年中日印三国 GDP 数据对比图（圆环图、簇状条形图、雷达图和面积图）

（1）建立数据源：新建一张工作表并命名为"实验四"，将"原数据"表中所有数据复制到"实验四"表中。

（2）生成圆环图：以中日印三国 2010—2019 年的 GDP 数据为数据源制作圆环图，图表标题为"2010—2019 年中日印三国 GDP 数据对比圆环图"，绘图区填充为图片，设置2010 和 2019 年数据系列的数据标签并设置形状样式效果。

（3）生成簇状条形图：复制圆环图，将图表类型更改为簇状条形图，图表标题设置为"2010—2019 年中日印三国 GDP 数据对比条形图"，为中国数据系列添加线性趋势线并设置相应的格式。

（4）生成雷达图：复制圆环图，更改图表类型为雷达图，图表标题设置为"2010—2019年中日印三国 GDP 数据对比雷达图"，为雷达轴（值）和雷达轴（值）主要网格线设置不同的颜色效果。

（5）生成面积图：复制圆环图，更改图表类型为面积图，图表标题设置为"2010—2019年中日印三国 GDP 数据对比面积图"，为中国数据系列填充渐变颜色效果。

（6）设置图表位置：将 4 张图表放置在本工作表数据表的右边。

实验四结果样图如图 3.58 所示。

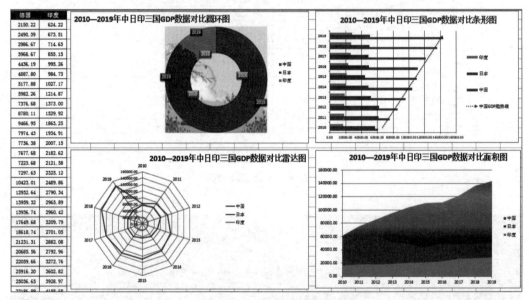

图 3.58　实验四结果样图

从上面的实验案例中可以看到，通过图表我们能够把衡量国家经济状况最佳指标的 GDP 数据直观地表现出来。从以上各类图表中可以得到如下结论：从 1970—2019 年各国经济整体处于上升趋势。美国作为世界第一大经济体，经济一直处于领先地位。日本作为第二大经济体地位自 2010 年被中国赶超后，经济整体放缓，日本与中国的差距持续增大。2010—2019 这十年间亚洲三大经济体中，GDP 总量最高的是中国，印度的整体经济与中国、日本的差距比较大，但增长势头还是比较强劲的。

总之，通过制作图表可以深刻地理解上面的 GDP 表格中的数据，直观地了解到自 2010 年以来中国的 GDP 数据一直处于快速上升期且保持着世界第二、亚洲第一的位置，中国正在全力赶超美国，中美的 GDP 数据差距正在逐年减小。

4. 实验步骤说明

1）实验一：制作 1970—2019 年世界 10 国的 GDP 数据走势图（折线图）

在讲解实验一的具体实验步骤之前，首先对 Excel 中图表分类、图表组成和建立图表的方法做一简要说明，实验一的具体实验步骤见表 3.22。

表 3.22 制作 1970—2019 年世界 10 国的 GDP 数据走势图(折线图)实验要求与实验步骤

实 验 要 求	实 验 步 骤
(1) 生成折线图:在"原数据"表中以 1970—2019 年世界 10 国 GDP 数据为数据源,用折线图表示 1970—2019 年世界 10 国 GDP 数据变化趋势。	(1) 选取从单元格 A2~K52 的数据区域,单击"插入"菜单项,单击"图表"工具组右下角箭头,打开"插入图表"对话框,选择"所有图表"选项卡,在其中选择图表类型为"折线图",子图表类型为"折线图"。单击"确定"按钮后即可在当前工作表中生成一张折线图表。 (Excel 2010 版:"插入图表"对话框中没有"所有图表"选项卡,直接选取图表类型和子图表类型即可。)
(2) 设置图表标题:为图表添加标题"1970—2019 年世界 10 国 GDP 数据走势图",并设置标题字号为 18。	(2) 单击"图表标题"方框,在方框中输入标题并设置字号即可。 (Excel 2010 版:选择"图表工具"菜单项中的"布局"选项卡,单击"标签"组中的"图表标题"下拉箭头,"图表上方"→单击出现的"图表标题"方框,在方框中输入标题并设置字号即可。)
(3) 设置坐标轴 ① 横坐标轴标题为"年份"。	(3) 设置坐标轴 ① 单击图 3.61 中右上角的"图表元素"按钮(或者单击"图表工具"菜单项中的"设计"选项卡,单击"图表布局"组中的"添加图表元素"下拉箭头,选择"轴标题"选项可添加主要横(纵)坐标轴标题并输入相应标题)。 (Excel 2010 版:选择"图表工具"菜单项中的"布局"选项卡,单击"标签"组中的"坐标轴标题"下拉箭头,分别选择"主要横坐标轴标题"和"主要纵坐标轴标题",在方框中输入标题并设置字号即可。)
② 横坐标轴名称倾斜 45°。	② 选中横坐标轴右击,在弹出的快捷菜单中选择"设置坐标轴格式"命令,在"对齐方式"的"文字方向"选项中选择"横排","自定义角度"设置为−45°。
③ 纵坐标轴标题为"单位:亿美元",将其移动到纵坐标轴上方。 ④ 纵坐标轴刻度最小值为 600。	③ 操作同①。 ④ 选中纵坐标轴右击,在弹出的快捷菜单中选择"设置坐标轴格式"命令将最小值设置为 600。 (Excel 2010 版:最小值选择"固定",设置为 600。)
(4) 设置绘图区格式:绘图区填充"虚线网格"的图案样式,前景色为"橙色,个性色 6,深色 50%"(Excel 2010 版:"橙色,强调文字颜色 6,深色 50%"),背景色为"茶色,背景 2"。 (5) 设置图表区格式:图表区用"再生纸"填充。	(4) 选中"绘图区",如图 3.59 所示,右击,在弹出的快捷菜单中选择"设置绘图区格式"命令,在右键菜单上方出现的快捷按钮中选择"填充"的下拉箭头进行设置(也可以在右侧的"设置绘图区格式"对话框中进行设置)。 (Excel 2010 版:在"设置绘图区格式"对话框中进行设置。) (5) 设置方法与(4)相同。
(6) 设置数据系列格式:将"中国"的数据系列设置为红色,添加"外部"的"居中偏移"阴影,将中国 2019 年数据点线段改为箭头形状。其他国家的数据系列颜色请自行设定。	(6) 修改数据系列填充色的方法同(4)。 在图表中选择"中国"数据系列,单击"图表工具"菜单项中的"格式"选项卡,单击"形状样式"组中的"形状效果"下拉箭头→"阴影"→"外部"的"居中偏移"阴影。 在图表中选择"中国 2019 年"数据点,单击"图表工具"菜单项中的"格式"选项卡,单击"形状样式"组中的"形状轮廓"下拉箭头→"箭头"组中的第 5 个(在最后一个选项"其他箭头"的"宽度"栏中可以输入数字设置箭头的大小)。也可以在右侧的"设置数据点格式"对话框的"填充与线条"选项中进行设置。

实 验 要 求	实 验 步 骤
（7）设置图表位置：移动图表到新工作表中，新工作表命名为"实验一"，结果样图如图 3.54 所示	（Excel 2010 版：在"设置数据点格式"对话框的"线型"选项中设置。） （7）选中图表，右击，在弹出的快捷菜单中选择"移动图表"命令，在"移动图表"对话框中，选择"新工作表"，将 Chart1 改为"实验一" ☞ 小贴士 • 图表包含图表区、绘图区、坐标轴、标题、数据系列、数据点、数据标签、图例等组成元素，各元素设置格式的方法大同小异。 • 改变数据源区域的数据，图表会实现自动更新

（1）图表分类。

Excel 提供 14 种标准类型的图表（Excel 2010 版为 11 种），每种图表类型又包含若干种子图表类型，并且还提供了自定义类型的图表。每种类型各有特色，下面简单介绍常用的图表类型。

① 柱形图：Excel 默认的图表类型，柱形图一般利用柱子的高低比较一段时间内多个数据之间的差异。通常横轴为分类项，纵轴为数值项（条形图：类似于柱形图，纵轴为分类项，横轴为数值项，这样可以突出数值的比较）。

② 折线图：将同一系列的数据在图中表示成点并用直线连接起来，用折线的起伏表示某段时间内数据的变化情况及其发展趋势。

③ 饼形图：饼形图通常用来描述比例、构成等信息。它将一个圆划分为若干个扇形，每个扇形代表数据系列中的一项数据值，其大小用来表示相应数据项占该数据系列总和的比例值（圆环图：类似于饼形图，显示部分与整体的关系，它可以表示多个数据系列，每个环代表一个数据系列）。

④ 雷达图：每个分类拥有自己的数值坐标轴，这些坐标轴由中心点向四周辐射，并用折线将同一系列中的值连接起来。

⑤ 面积图：将每一系列数据用线段连接起来，并将每条线以下的区域用不同颜色填充，面积图强调幅度随时间的变化，并且能够说明部分和整体的关系。

（2）图表组成。

图表组成如图 3.59 所示。

① 图表区：包括整个图表及其全部元素。

② 绘图区：是指通过轴来界定的区域，包括所有数据系列。在三维图表中，同样是通过轴来界定的区域，包括所有数据系列、分类名、刻度线标志和坐标轴标题。

③ 图例：用于标识为图表中的数据系列或分类指定的图案或颜色。

④ 数据系列：在图表中绘制的相关数据点，这些数据来自数据表的行或列。数据系列在绘图区中形成点、线、面等图形，图表中的每个数据系列具有唯一的颜色或图案并且在图表的图例中表示，可以在图表中绘制一个或多个数据系列。

⑤ 数据点：选中一个数据系列，单击该数据系列中的一个图形就是一个数据点。

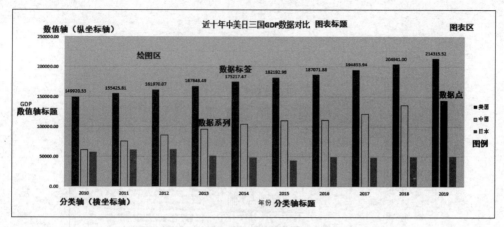

图 3.59 图表组成

⑥ 数据标签：数据标签显示数据系列或其单个数据点的详细信息，使图表更易于理解。

⑦ 分类轴（横坐标轴）和数值轴（纵坐标轴）：Y 轴通常为纵坐标轴，包含数值。X 轴通常为横坐标轴，包含分类项。

⑧ 图表标题：图表标题是说明性的文本，可以自动与坐标轴对齐或在图表顶部居中。

⑨ 坐标轴标题：可以用来标识数据系列中数据点的详细信息的数据标签。

（3）建立图表。

① 创建图表。选取要制作图表的数据区域，单击"插入"菜单项，单击"图表"工具组右下角箭头，打开"插入图表"对话框（见图 3.60），选择"所有图表"选项卡，在其中选择图表类型和子图表类型。单击"确定"按钮后即可在当前工作表中生成一张图表，如图 3.61所示。

② 编辑修饰图表。在图 3.61 中，选中图表，单击右上角的"图表元素"按钮可以添加、删除或更改图表元素（例如标题、图例、网格线和数据标签）。单击右上角的"图表样式"按钮可以设置图表的样式和颜色方案。单击右上角的"图表筛选器"按钮可以编辑图表上显示的数据点和名称。也可以选中图表，单击"图表工具"菜单项中的"设计"或"格式"选项卡进行图表的编辑和修饰（Excel 2010 版选中图表后右上角没有"图表元素""图表样式"及"图表筛选器"按钮，需要通过"图表工具"菜单项中的"设计"或"格式"选项卡进行图表的编辑与修饰）。

制作 1970—2019 年世界 10 国的 GDP 数据走势图（折线图）实验要求与实验步骤如表 3.22 所示。

2）实验二：制作 2019 年世界 10 国 GDP 数据分布图（三维饼图）

制作 2019 年世界 10 国 GDP 数据分布图（三维饼图）实验要求与实验步骤如表 3.23所示。

图 3.60　"插入图表"对话框

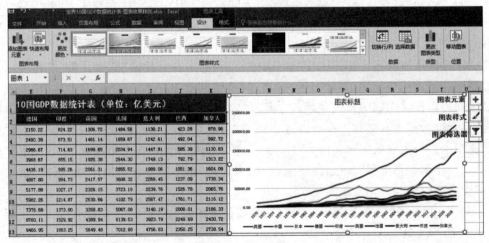

图 3.61　生成图表

表 3.23　制作 2019 年世界 10 国 GDP 数据分布图（三维饼图）实验要求与实验步骤

实　验　要　求	实　验　步　骤
（1）生成三维饼图：在"原数据"表中以 2019 年世界 10 国 GDP 数据为数据源，用饼图表示 2019 年世界 10 国 GDP 数据分布图。	（1）选取单元格 A2～K2 后，按住 Ctrl 键选取 A52～K52 的数据区域，单击"插入"菜单项，单击"图表"工具组右下角箭头，打开"插入图表"对话框，选择"所有图表"选项卡，在其中选择图表类型为"饼图"、子图表类型为"三维饼图"。单击"确定"按钮后即可在当前工作表中生成一张饼图表。 （Excel 2010 版："插入图表"对话框中没有"所有图表"选项卡，直接选取图表类型和子图表类型即可。）
（2）设置图表标题：为图表添加标题"2019 年世界 10 国 GDP 数据分布图"，并设置标题字号为20。	（2）设置方法同实验一中的相关实验。
（3）设置图表区格式：图表区用图片填充。	（3）设置方法同实验一中的相关实验。
（4）设置数据标签：添加"类别名称""值""百分比""显示引导线"数据标签，"标签位置"设置为"最佳匹配"。	（4）选中 2019 年世界 10 国 GDP 数据系列，右击，在弹出的快捷菜单中选择"添加数据标签"命令，选中数据标签，右击，在弹出的快捷菜单中选择"设置数据标签格式"命令，在右侧的"设置数据标签格式"对话框的"标签选项"中选择"类别名称""值""百分比""显示引导线"数据标签选项，标签位置设置为"最佳匹配"。
（5）设置数据点格式：分别将"美国""中国""日本"3 个国家的数据点扇形填充为"图案填充""渐变填充""纹理填充"，填充样式和效果请自行设定。	（5）首先选中 2019 年世界 10 国 GDP 数据系列，再分别单击"美国""中国""日本"3 个国家的数据点扇形，进行相应的填充设置即可。
（6）设置数据点突出显示：将"中国"数据点从饼图中移动出来，突出显示。	（6）首先选中 2019 年世界 10 国 GDP 数据系列，再单击选中"中国"数据点扇形，把这一块扇形往外拖拉一下即可。
（7）设置图例位置及格式：将图例位置设置为"右上"，字号为 12。	（7）选中图例对象，右击，在弹出的快捷菜单中选择"设置图例格式"命令，选择"设置图例格式"对话框的"图例选项"，选择"图例位置"中的"右上"。
（8）设置图表位置：移动图表到新工作表中，新工作表命名为"实验二"。 　　结果样图如图 3.55 所示	（8）选中图表，右击，在弹出的快捷菜单中选择"移动图表"命令，在"移动图表"对话框中，选择"新工作表"，将 Chart1 改为"实验二"。 ☞ 小贴士 • 制作图表时如果数据源不连续则需要按住 Ctrl 键进行选取。 • 在制作饼图时，有的分类数值偏小，在饼图中基本分辨不出来，很难观察。这种情况下，可以尝试使用复合饼图。复合饼图有两种类型：一种是复合饼图；另一种是复合条饼图；当倾向于查看较小分类中的占比时，可使用复合饼图。当关心较小分类的具体数值时，可使用复合条饼图

3）实验三：制作 2000—2019 年中美日三国 GDP 数据差距对比图（簇状柱形图-折线图）

制作 2000—2019 年中美日三国 GDP 数据差距对比图（簇状柱形图-折线图）实验要求与实验步骤如表 3.24 所示。

表 3.24　制作 2000—2019 年中美日三国 GDP 数据差距对比图

（簇状柱形图-折线图）实验要求与实验步骤

实 验 要 求	实 验 步 骤
（1）建立数据源：新建一张工作表并命名为"实验三"，将"原数据"表中美日三国2000—2019 年的 GDP 数据复制到"实验三"表 A1 开始的单元格中，使用公式计算中美差距和中日差距并填入相应列中构成实验三的数据源，如图 3.56 所示。 （2）生成"簇状柱形图-折线图"：以中美日三国 2000—2019 年的 GDP 数据为数据源制作簇状柱形图，以中美差距和中日差距为数据源制作折线图。	（1）将所需数据复制到"实验三"工作表中，在"中美差距"列的 E3 单元格中填写公式"＝B3－C3"，在"中日差距"列的 F3 单元格中填写公式"＝C3－D3"。 （2）选取单元格 A2～F22 的数据区域，单击"插入"菜单项，单击"图表"工具组右下角箭头，打开"插入图表"对话框，选择"所有图表"选项卡，在其中选择图表类型为"组合"、子图表类型为"簇状柱形图-折线图"。单击"确定"按钮后即可在当前工作表中生成一张"簇状柱形图-折线图"图表。 （Excel 2010 版：选取单元格 A2～F22 数据区域，在"插入图表"对话框中选择"柱形图"图表类型，在"二维柱形图"中选择"簇状柱形图"生成一个簇状柱形图表，选择"中美差距"数据系列并右击，在弹出的快捷菜单中选择"更改系列图表类型"命令，选择"折线图"图表类型中的"折线图"子图表类型，"中日差距"数据系列设置方法相同。）
（3）设置图表标题：为图表添加标题"2000—2019 年中美日三国 GDP 数据差距对比图"，并设置标题字号为 18。 （4）设置图表样式：将图表样式设置为"样式 6"。 （Excel 2010 版：将图表样式设置为"样式 42"。） （5）设置数据系列格式：将"中日差距"系列设置为红色折线，将"中美差距"系列设置为黄色折线，折线宽度为 2.25 磅。 （6）设置图例位置：将图例位置设置为"靠上"。 （7）添加数据表：在图表下方添加"数据表"并设置"显示图例项标示"。	（3）设置方法同实验一相关实验步骤。 （4）选中图表，在图 3.61 所示的图表右上角的"图表样式"按钮中选择"样式 6"（也可以选中图表，单击"图表工具"菜单项，在"设计"选项卡的"图表样式"工具组中选择"样式 6"）。 （Excel 2010 版：只能用上述第二种方法设置，选择"样式 42"。） （5）方法同实验二相关实验步骤。 （6）方法同实验二相关实验步骤。 （7）选中图表，在图 3.61 所示的图表右上角的"图表元素"按钮中选择"数据表"并设置"显示图例项标示"。 （Excel 2010 版：选中图表，单击"图表工具"菜单项，在"布局"选项卡的"标签"工具组中选择"模拟运算表"按钮的下拉箭头，选择"显示模拟运算表和图例项标示"。）
（8）设置图表位置：将图表放置在本工作表数据表的下方。 结果样图如图 3.57 所示	（8）将图表拖动到数据表下方即可。 ☞ **小贴士** 在日常工作中，有时候单一的图表类型无法满足多维度的数据展示，这时候就要考虑使用组合图表。在 Excel 2016 中有簇状柱形图-折线图和堆积面积图-簇状柱形图，还可以根据需要自己定义组合图表

4）实验四：制作 2010—2019 年中日印三国 GDP 数据对比图（圆环图、簇状条形图、雷达图和面积图）

制作 2010—2019 年中日印三国 GDP 数据对比图（圆环图、簇状条形图、雷达图、面积图）实验要求与实验步骤如表 3.25 所示。

表 3.25　制作 2010—2019 年中日印三国 GDP 数据对比图实验要求与实验步骤

实 验 要 求	实 验 步 骤
（1）建立数据源：新建一张工作表并命名为"实验四"，将"原数据"表中所有数据复制到"实验四"表中。	（1）利用复制、粘贴功能完成数据源的准备工作。
（2）生成圆环图：以中日印三国 2010—2019 年的 GDP 数据为数据源制作圆环图、图表标题为"2010—2019 年中日印三国 GDP 数据对比圆环图"，绘图区填充为图片、设置 2010 和 2019 年数据系列的数据标签并设置形状样式效果。	（2）选取 A2 单元格后，按住 Ctrl 键选取 C2～D2、F2 和 A43～A52、C43～D52 以及 F43～F52 的数据区域，单击"插入"菜单项，单击"图表"工具组右下角箭头，打开"插入图表"对话框，选择"所有图表"选项卡，在其中选择图表类型为"饼图"、子图表类型为"圆环图"。单击"确定"按钮后即可在当前工作表中生成一张圆环图图表。 单击"图表工具"菜单项，单击"设计"选项卡，在"数据"工具组中，选择"切换行/列"按钮，转换图表的行列使之与图 3.58 所示一致。 （Excel 2010 版：在"插入图表"对话框中直接选取图表类型和子图表类型为"圆环图"即可。） Excel 2016 版将图表样式设置为"样式 3"（Excel 2010 版忽略），可实现图 3.58 所示图表。 图表标题、绘图区、数据标签的设置方法同前面的实验。
（3）生成簇状条形图：复制圆环图，将更改图表类型为簇状条形图、图表标题设置为"2010—2019 年中日印三国 GDP 数据对比条形图"，为中国数据系列添加线性趋势线并设置相应的格式。	（3）复制圆环图后，在图表区右击，在弹出的快捷菜单中选择"更改图表类型"命令，改为簇状条形图；修改图表标题；选中中国数据系列，右击，在弹出的快捷菜单中选择"添加趋势线"命令，根据自己的喜好设置相应的格式。
（4）生成雷达图：复制圆环图，更改图表类型为雷达图，图表标题设置为"2010—2019 年中日印三国 GDP 数据对比雷达图"，为雷达轴（值）轴和雷达轴（值）轴主要网格线设置不同的颜色效果。	（4）复制圆环图后，在图表区右击，在弹出的快捷菜单中选择"更改图表类型"命令，改为雷达图；修改图表标题；选中图表，单击"图表工具"菜单项，在"格式"选项卡的"当前所选内容"工具组的下拉列表中选择雷达轴（值）轴和雷达轴（值）轴主要网格线，根据自己的喜好设置相应的颜色。
（5）生成面积图：复制圆环图，更改图表类型为面积图，图表标题设置为"2010—2019 年中日印三国 GDP 数据对比面积图"、为中国数据系列填充渐变颜色效果。 （6）设置图表位置：将 4 张图表放置在本工作表数据表的右边。 结果样图如图 3.58 所示	（5）复制圆环图后，在图表区右击，在弹出的快捷菜单中选择"更改图表类型"命令，改为面积图；修改图表标题；选中中国数据系列，根据自己的喜好设置渐变颜色填充效果。 （6）将图表拖动到数据表右边即可。 ☞ 小贴士 　Excel 基于基本图表类型可以做出种类繁多的图表，每一种图表类型都有其各自的特性，我们需要根据数据的关系来选择合适的图表类型

5. 图表实验总结

本实验以"1970—2019 年世界 10 国 GDP 数据统计表"为素材,介绍了 Excel 图表的制作方法。Excel 提供了 14 种标准类型的图表,每一种图表类型都有其各自的特性,我们需要根据数据的关系来选择合适的图表类型。在制作图表时首先选择数据区域,当所选区域不连续时需要按住 Ctrl 键来选取,然后确定图表类型和放置的位置。生成图表后可以对图表中的各元素进行格式的设置。

1) 重点内容

(1) 创建图表。

(2) 编辑图表。

(3) 格式化图表。

2) 难点内容

(1) 非连续数据源的选取。

(2) 具有创意的图表。

3.2.4　数据处理

1. 实验目的

面对大量庞杂的数据,人们经常要对数据排序或找出自己所关注的信息,这就需要使用 Excel 的排序与筛选功能。有时人们要先按照某一标准进行分类,然后在分完类的基础上对各类别相关数据进行统计。例如,不同地区或不同产品的销售情况统计,这时就需要使用 Excel 的分类汇总功能。下面将通过实验案例学会 Excel 这几种常用的数据处理方法。

2. 实验素材

数据处理

实验素材为"红色+乡村旅游区域分布情况"表。依托丰富的红色文化资源和绿色生态资源发展乡村旅游,通过发展"红色+乡村"旅游模式,能够有效保护传承红色文化,同时也为乡村旅游发展提质增效。截至 2020 年 7 月,全国共有 1000 个乡村入围旅游重点村、300 个景区入围红色旅游景区。通过该素材表,可以帮助我们了解全国各省市红色旅游景区和乡村旅游重点村旅游资源分布情况,更好地推进"红绿融合"的旅游新模式,助力乡村振兴战略的实施。

3. 实验要求

以图 3.62 所示的"原数据"工作表为数据源,利用 Excel 的排序、筛选和分类汇总功能完成以下操作。

1) 完成排序功能

(1) 新建一张工作表并命名为"排序 1",将"原数据"表中的数据复制到"排序 1"表 A1 开始的单元格中,使用排序功能依次按照"地区"列、"红色旅游景区分布(个)"列、"乡村旅游重点村分布(个)"列为关键字升序排列表中的数据,排序结果如图 3.63 所示。

"红色+乡村"旅游区域分布情况				
省市	南方/北方	地区	红色旅游景区分布（个）	乡村旅游重点村分布（个）
新疆	北方	西北	12	56
甘肃	北方	西北	10	32
黑龙江	北方	东北	12	31
河北	北方	华北	14	35
山东	北方	华东	13	34
河南	北方	华中	14	31
江苏	南方	华东	11	39
四川	南方	西南	9	35
陕西	北方	西北	13	34
湖北	南方	华中	14	38
安徽	南方	华东	8	34
浙江	南方	华东	10	40
江西	南方	华东	11	37
湖南	南方	华中	14	34
福建	南方	华东	9	37
广东	南方	华南	13	32
广西	南方	华南	5	33
贵州	南方	西南	8	38
云南	南方	西南	9	36
西藏	北方	西南	5	30
青海	北方	西北	5	28
内蒙古	北方	华北	8	24
北京	北方	华北	15	32
吉林	北方	东北	8	27
辽宁	北方	东北	12	30
天津	北方	华北	6	18
山西	北方	华北	9	26
宁夏	北方	西北	4	29

图 3.62　"红色+乡村"旅游区域"原数据"工作表

"红色+乡村"旅游区域分布情况				
省市	南方/北方	地区	红色旅游景区分布（个）	乡村旅游重点村分布（个）
吉林	北方	东北	8	27
辽宁	北方	东北	12	30
黑龙江	北方	东北	12	31
天津	北方	华北	6	18
内蒙古	北方	华北	8	24
山西	北方	华北	9	26
河北	北方	华北	14	35
北京	北方	华北	15	32
上海	南方	华东	7	17
安徽	南方	华东	8	34
福建	南方	华东	9	37
浙江	南方	华东	10	40
江西	南方	华东	11	37
江苏	南方	华东	11	39
山东	北方	华东	13	34
广西	南方	华南	5	33
海南	南方	华南	8	24
广东	南方	华南	13	32
河南	北方	华中	14	31
湖南	南方	华中	14	34
湖北	南方	华中	14	38
宁夏	北方	西北	4	29
青海	北方	西北	5	28
甘肃	北方	西北	10	32
新疆	北方	西北	12	56
陕西	北方	西北	13	34
重庆	南方	西南	4	29
西藏	北方	西南	5	30

图 3.63　"排序 1"排序结果

（2）新建一张工作表命名为"排序 2"，将"原数据"表中的数据复制到"排序 2"表 A1
开始的单元格中，使用排序功能依次按照"地区"列为关键字、笔画升序；"乡村旅游重点村分布(个)"列为关键字、数值降序排列表中的数据,排序结果如图 3.64 所示。

"红色+乡村"旅游区域分布情况				
省市	南方/北方	地区	红色旅游景区分布(个)	乡村旅游重点村分布(个)
黑龙江	北方	东北	12	31
辽宁	北方	东北	12	30
吉林	北方	东北	8	27
新疆	北方	西北	12	56
陕西	北方	西北	13	34
甘肃	北方	西北	10	32
宁夏	北方	西北	4	29
青海	北方	西北	5	28
贵州	南方	西南	8	38
云南	南方	西南	9	36
四川	南方	西南	9	35
西藏	北方	西南	5	30
重庆	南方	西南	4	29
湖北	南方	华中	14	38
湖南	南方	华中	14	34
河南	北方	华中	14	31
浙江	南方	华东	10	40
江苏	南方	华东	11	39
江西	南方	华东	11	37
福建	南方	华东	9	37
山东	北方	华东	13	34
安徽	南方	华东	8	34
上海	南方	华东	7	17
河北	北方	华北	14	35
北京	北方	华北	15	32
山西	北方	华北	9	26
内蒙古	北方	华北	8	24
天津	北方	华北	6	18

图 3.64 "排序 2"排序结果

2)完成自动筛选功能

(1)新建一张工作表并命名为"自动筛选 1",将"原数据"表中的数据复制到"自动筛选 1"表 A1 开始的单元格中,使用自动筛选功能将乡村旅游重点村分布个数最少的 5 个北方地区记录筛选出来,筛选结果如图 3.65 所示。

(2)新建一张工作表并命名为"自动筛选 2",将"原数据"表中的数据复制到"自动筛选 2"表 A1 开始的单元格中,使用自动筛选功能将西北和西南乡村旅游重点村分布小于 30 个或大于 50 个的地区筛选出来,筛选结果如图 3.66 所示。

"红色+乡村"旅游区域分布情况				
省市	南方/北方	地区	红色旅游景区分布(个)	乡村旅游重点村分布(个)
内蒙古	北方	华北	8	24
天津	北方	华北	6	18
山西	北方	华北	9	26

图 3.65 "自动筛选 1"筛选结果

"红色+乡村"旅游区域分布情况				
省市	南方/北方	地区	红色旅游景区分布(个)	乡村旅游重点村分布(个)
新疆	北方	西北	12	56
青海	北方	西北	5	28
宁夏	北方	西北	4	29
重庆	南方	西南	4	29

图 3.66 "自动筛选 2"筛选结果

(3)新建一张工作表并命名为"自动筛选 3",将"原数据"表中的数据复制到"自动筛选 3"表 A1 开始的单元格中,使用自动筛选功能将省市名称中包含"江"或是以"海"字结尾且红色旅游景区个数小于或等于 10 个、乡村旅游重点村分布地区个数介于 20～40 的地区筛选出来,筛选结果如图 3.67 所示。

"红色+乡村"旅游区域分布情况				
省市	南方/北方	地区	红色旅游景区分布（个）	乡村旅游重点村分布（个）
浙江	南方	华东	10	40
青海	北方	西北	5	28

图 3.67　"自动筛选 3"筛选结果

3）完成高级筛选功能

（1）新建一张工作表并命名为"高级筛选 1"，将"原数据"表中的数据复制到"高级筛选 1"表 A1 开始的单元格中，使用高级筛选功能将红色旅游景区个数小于或等于 5 个或乡村旅游重点村小于或等于 20 个的地区筛选出来，将条件区和筛选结果放置在数据表下方，筛选结果如图 3.68 所示。

省市	南方/北方	地区	红色旅游景区分布（个）	乡村旅游重点村分布（个）
广西	南方	华南	5	33
西藏	北方	西南	5	30
青海	北方	西北	5	28
天津	北方	华北	6	18
宁夏	北方	西北	4	29
上海	南方	华东	7	17
重庆	南方	西南	4	29

图 3.68　"高级筛选 1"筛选结果

（2）新建一张工作表命名为"高级筛选 2"，将"原数据"表中的数据复制到"高级筛选 2"表 A1 开始的单元格中，使用高级筛选功能将省市名称中包含"东"或"西"或"南"或"北"字且乡村旅游重点村个数大于或等于 30 个的地区筛选出来，将条件区放置在数据表下方，筛选结果放置在原有数据表区域中，筛选结果如图 3.69 所示。

"红色+乡村"旅游区域分布情况				
省市	南方/北方	地区	红色旅游景区分布（个）	乡村旅游重点村分布（个）
河北	北方	华北	14	35
山东	北方	华东	13	34
河南	北方	华中	14	31
陕西	北方	西北	13	34
湖北	南方	华中	14	38
江西	南方	华东	11	37
湖南	南方	华中	14	34
广东	南方	华南	13	32
广西	南方	华南	5	33
云南	南方	西南	9	36
西藏	北方	西南	5	30
北京	北方	华北	15	32

图 3.69　"高级筛选 2"筛选结果

4）完成分类汇总功能

（1）新建一张工作表并命名为"分类汇总 1"，将"原数据"表中的数据复制到"分类汇总 1"表 A1 开始的单元格中，使用分类汇总功能统计南北方红色旅游景区与乡村旅游重点村个数的合计值和平均值，结果保留整数并放置在相应单元格中且只显示分类汇总及总计数据，分类汇总结果如图 3.70 所示。

（2）新建一张工作表并命名为"分类汇总 2"，将"原数据"表中的数据复制到"分类汇

	A	B	C	D	E
1	"红色+乡村"旅游区域分布情况				
2	省市	南方/北方	地区	红色旅游景区分布（个）	乡村旅游重点村分布（个）
19		北方 平均值		10	31
20		北方 汇总		160	497
36		南方 平均值		9	34
37		南方 汇总		140	503
38		总计平均值		10	32
39		总计		300	1000

图 3.70 "分类汇总 1"结果

总 2"表 A1 开始的单元格中，使用分类汇总功能统计各地区省市个数，结果放置在省市对应单元格中且显示在数据上方。统计各地区红色旅游景区与乡村旅游重点村的最小值，结果放置在相应单元格中，分类汇总结果如图 3.71 所示。

	A	B	C	D	E
1	"红色+乡村"旅游区域分布情况				
2	省市	南方/北方	地区	红色旅游景区分布（个）	乡村旅游重点村分布（个）
3	31		总计数		
4			总计最小值	4	17
5	3		东北 计数		
6			东北 最小值	8	27
7	黑龙江	北方	东北	12	31
8	吉林	北方	东北	8	27
9	辽宁	北方	东北	12	30
10	5		华北 计数		
11			华北 最小值	6	18
12	河北	北方	华北	14	35
13	内蒙古	北方	华北	8	24
14	北京	北方	华北	15	32
15	天津	北方	华北	6	18
16	山西	北方	华北	9	26
17	7		华东 计数		
18			华东 最小值	7	17
19	山东	北方	华东	13	34
20	江苏	南方	华东	11	39
21	安徽	南方	华东	8	34
22	浙江	南方	华东	10	40
23	江西	南方	华东	11	37
24	福建	南方	华东	9	37
25	上海	南方	华东	7	17
26	3		华南 计数		
27			华南 最小值	5	24
28	广东	南方	华南	13	32
29	广西	南方	华南	5	33
30	海南	南方	华南	8	24

图 3.71 "分类汇总 2"结果

4. 实验步骤说明

1）完成排序功能

在 Excel 表格中，排序是经常使用的基本操作。排序分为单列排序和多列排序。如果是单列排序，在要排序的列中单击一个单元格，在"数据"菜单项的"排序和筛选"工具组中单击按钮，按升序（从 A 到 Z 或从最小数到最大数）排序；单击按钮则按降序（从 Z 到 A 或从最大数到最小数）排序。

如果是多列排序则有"主要关键字""次要关键字"之分，即在"主要关键字"中出现相同结果时,它才会对"次要关键字"这列进行排序,以此类推。反过来说,就是如果"主要关键字"中没有相同结果出现,那么"次要关键字"是不会进行任何排序的。"排序"对话框如图3.72所示。

图3.72 "排序"对话框

在"排序依据"列表中,选择"数值""单元格颜色""字体颜色"或"单元格图标",在"次序"列表中,选择要应用于排序操作的顺序,即字母或数字的升序或降序(即对文本按A到Z或Z到A的顺序排序,对数字按从小到大或从大到小的顺序排序)。

对于汉字的排序,默认是按照第一个汉字对应的汉语拼音字母排序,我们也可以在"选项"按钮中,选择按"笔画顺序"排序,排序的规则是按照第一个汉字的笔画多少来排序,同笔画数字按起笔画"一、丨、丿、丶、乙"的顺序排列。

排序实验要求与实验步骤如表3.26所示。

表3.26 排序实验要求与实验步骤

实 验 要 求	实 验 步 骤
(1) 新建一张工作表并命名为"排序1",将"原数据"表中的数据复制到"排序1"表A1开始的单元格中,使用排序功能依次按照"地区"列、"红色旅游景区分布(个)"列、"乡村旅游重点村分布(个)"列为关键字升序排列表中的数据,排序结果如图3.63所示。 (2) 新建一张工作表命名为"排序2",将"原数据"表中的数据复制到"排序2"表A1开始的单元格中,使用排序功能依次按照"地区"列为关键字、笔画升序;"乡村旅游重点村分布(个)"列为关键字、数值降序排列表中的数据,排序结果如图3.64所示	(1) 选取A2:E33数据区域,单击"数据"菜单项,选择"排序和筛选"工具组中的"排序"按钮,打开"排序"对话框,如图3.72所示。在"排序"对话框中进行3个关键字及排序次序的设置。在图3.63所示的排序结果中,我们看到如果"地区"一列出现相同结果时,系统会对"红色旅游景区分布(个)"这列进行排序,如果"红色旅游景区分布(个)"列又出现相同结果时,系统才会对"乡村旅游重点村分布(个)"这列进行排序。 (2) 操作步骤同上,注意:在"排序"对话框中单击"选项"按钮,选择"笔画排序"选项。从图3.64所示的排序结果中我们可以看到,地区列按照第一个汉字的笔画多少来排序,同笔画数字按起笔画"一、丨、丿、丶、乙"的顺序排列。"地区"一列出现相同结果时,系统会对"乡村旅游重点村分布(个)"这列进行排序。 ☞ 小贴士 排序会打乱原表数据的顺序,如果想撤销Excel排序结果,最简单的方法是按Ctrl+Z键执行撤销操作。如果中途存过盘,那么按Ctrl+Z键就只能恢复到存盘时的数据状态。所以如果想恢复原表数据顺序,最好排序之前在数据第一列前面编上序号,排序后想恢复原表数据顺序时按序号升序排序即可,或是使用前面介绍的RANK排名函数,对数据进行排序且不会打乱原表顺序

2) 完成自动筛选功能

自动筛选是 Excel 的一种查找数据的功能,一般用于简单的条件筛选,执行自动筛选功能后将不满足的条件数据暂时隐藏起来,只显示符合条件的数据。

自动筛选的方法是:鼠标选中要进行筛选的数据区域中的任意单元格,单击"数据"菜单项,选择"排序和筛选"工具组中的"筛选"按钮,则在每个标题栏后面会出现一个可选的三角下拉箭头,单击三角箭头后出现下拉列表,展示出该标题下所有去重的值。可以单击"全选"选项取消所有选项选中状态,然后在下拉列表中选中所需选项。

如果需要进行模糊查找可以选择相应的关系运算符,因为在 Excel 中数据分为文本、数字和日期 3 种类型,所以进行筛选时使用的运算符也不尽相同。对于文本型数据,可以在下拉列表中选择"文本筛选"命令,在出现的右侧菜单中选择相应的文本关系运算符,如图 3.73 所示。对于数字型数据,可以在下拉列表中选择"数字筛选"命令,在出现的右侧菜单中选择相应的数字关系运算符,如图 3.74 所示。对于日期型数据,可以在下拉列表中选择"日期筛选"命令,在出现的右侧菜单中选择相应的日期关系运算符,如图 3.75 所示。

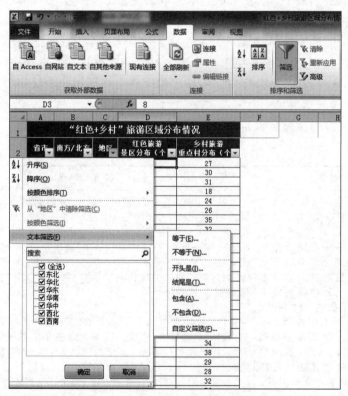

图 3.73　文本型数据的自动筛选菜单

还可以选择"自定义筛选",打开"自定义自动筛选方式"对话框,自行定义关系运算表达式,如图 3.76 所示。

自动筛选实验要求与实验步骤如表 3.27 所示。

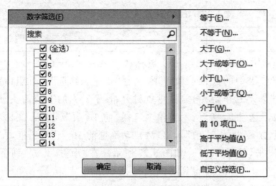

图 3.74　数字型数据的自动筛选菜单

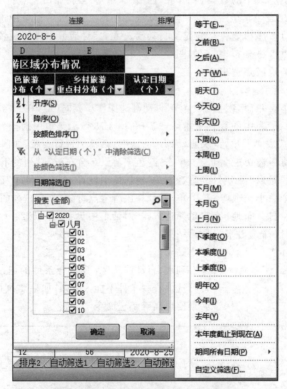

图 3.75　日期型数据的自动筛选菜单

图 3.76　"自定义自动筛选方式"对话框

表 3.27　自动筛选实验要求与实验步骤

实 验 要 求	实 验 步 骤
（1）新建一张工作表并命名为"自动筛选 1"，将"原数据"表中的数据复制到"自动筛选 1"表 A1 开始的单元格中，使用自动筛选功能将乡村旅游重点村分布个数最少的 5 个北方地区记录筛选出来，筛选结果如图 3.65 所示。	（1）鼠标选中 A2：E33 数据区域中的任意单元格，单击"数据"菜单项，选择"排序和筛选"工具组中的"筛选"按钮，单击"乡村旅游重点村分布（个）"列的下拉箭头→"数字筛选"，在图 3.74 所示菜单中选择"前 10 项"（Excel 2010 版：选择"10 个最大的值"），出现"自动筛选前 10 个"对话框，在其中设置显示最小的 5 项，如图 3.77 所示。在"南方/北方"列下拉箭头中选择"北方"，得到如图 3.65 所示结果。
（2）新建一张工作表并命名为"自动筛选 2"，将"原数据"表中的数据复制到"自动筛选 2"表 A1 开始的单元格中，使用自动筛选功能将西北和西南乡村旅游重点村分布小于 30 个或大于 50 个的地区筛选出来，筛选结果如图 3.66 所示。	（2）自动筛选操作步骤同（1），在"地区"列下拉箭头中选择"西北"和"西南"。单击"乡村旅游重点村分布（个）"列的下拉箭头→"数字筛选"，在图 3.74 所示菜单中选择"自定义筛选"，在"自定义自动筛选方式"对话框中进行设置，如图 3.78 所示。得到如图 3.66 所示结果。
（3）新建一张工作表并命名为"自动筛选 3"，将"原数据"表中的数据复制到"自动筛选 3"表 A1 开始的单元格中，使用自动筛选功能将省市名称中包含"江"或是以"海"字结尾且红色旅游景区个数小于或等于 10 个、乡村旅游重点村分布地区个数介于 20～40 的地区筛选出来，筛选结果如图 3.67 所示	（3）自动筛选操作步骤同（1），在"省市"列下拉箭头中选择"文本筛选"→在图 3.73 所示菜单中选择"自定义筛选"，在"自定义自动筛选方式"对话框中进行设置，如图 3.79 所示。 单击"红色旅游景区分布（个）"列的下拉箭头，在"自定义自动筛选方式"对话框中设置"小于或等于"10 个。 单击"乡村旅游重点村分布（个）"列的下拉箭头，在"自定义自动筛选方式"对话框中设置"介于"20～40 个。得到如图 3.67 所示结果。 ☞**小贴士** 利用"自动筛选"查找符合条件的记录既方便又快速，但自动筛选的查找条件不能太复杂，如果要执行比较复杂的筛选，就必须使用高级筛选命令

图 3.77　"自动筛选前 10 个"对话框

图 3.78　"自动筛选 2"实验"乡村旅游重点村分布（个）"列"自定义自动筛选"对话框设置

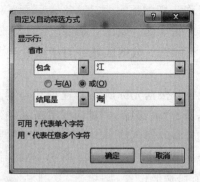

图 3.79　"自动筛选 3"实验"省市"列"自定义自动筛选"对话框设置

3）完成高级筛选功能

自动筛选只能用于条件简单的筛选操作，不能实现不同列之间包含"或"关系的操作以及同一列中包含超过两个或关系的操作，而高级筛选则能够完成比较复杂的条件查询并且能将筛选结果复制到其他位置。

高级筛选的方法是：将光标放置在要进行筛选的数据区域中的任意单元格中，单击"数据"菜单项，选择"排序和筛选"工具组中的"高级"按钮，出现如图 3.80 所示"高级筛选"对话框。

图 3.80　"高级筛选"对话框

其中，"列表区域"就是当前光标所在数据区域，"条件区域"需要在数据表之外的空白区域根据条件来输入，首先是复制你要筛选的列标题，在标题下方输入筛选条件，并列一行的条件为"与"关系，如图 3.81 左边所示，即表示同时满足条件时才会被筛选出来。上下行的条件为"或"关系，如图 3.81 右边所示，即只要符合一行条件就会被筛选出来。筛选结果可以在原有区域显示也可以复制到其他位置。

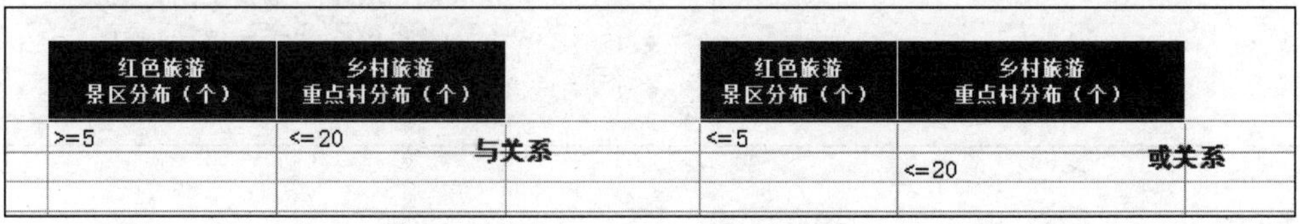

红色旅游景区分布（个）	乡村旅游重点村分布（个）		红色旅游景区分布（个）	乡村旅游重点村分布（个）	
>=5	<=20	与关系	<=5		
				<=20	或关系

图 3.81　"高级筛选"与或条件的建立

执行高级筛选具体的操作步骤如下。

（1）根据条件在数据表外的空白区域建立条件区。

（2）将光标放置在要进行筛选的数据区域中的任意单元格中，根据上述步骤打开"高级筛选"对话框。

（3）"列表区域"系统会自动根据光标所在位置自动划定，如果有出入，需要单击"列表区域"栏后面的红色箭头，折叠"高级筛选"对话框重新划定列表区域。

（4）单击"条件区域"栏后面的红色箭头，折叠"高级筛选"对话框，划定条件区域。

（5）如果在原有区域显示筛选结果，则直接单击"高级筛选"对话框的"确定"按钮即可。如果将筛选结果复制到其他位置，则单击"复制到"栏后面的红色箭头，折叠"高级筛选"对话框，选择需要放置筛选结果的单元格，则会从这个单元格开始放置筛选结果。

高级筛选实验要求与实验步骤如表 3.28 所示。

表 3.28　高级筛选实验要求与实验步骤

实　验　要　求	实　验　步　骤
（1）新建一张工作表并命名为"高级筛选1"，将"原数据"表中的数据复制到"高级筛选1"表 A1 开始的单元格中，使用高级筛选功能将红色旅游景区个数小于或等于 5 个或乡村旅游重点村小于或等于 20 个的地区筛选出来，将条件区和筛选结果放置在数据表下方，筛选结果如图 3.68 所示。	（1）按照上述操作步骤完成高级筛选，各区域的建立如图 3.82 所示，得到如图 3.68 所示结果。
（2）新建一张工作表命名为"高级筛选2"，将"原数据"表中的数据复制到"高级筛选2"表 A1 开始的单元格中，使用高级筛选功能将省市名称中包含"东"或"西"或"南"或"北"字且乡村旅游重点村个数大于或等于 30 个的地区筛选出来，将条件区放置在数据表下方，筛选结果放置在原有数据表区域中，筛选结果如图 3.69 所示	（2）按照上述操作步骤完成高级筛选，各区域的建立如图 3.83 所示，得到如图 3.69 所示结果。 ☞ 小贴士 • 筛选条件字段须与数据表标题字段一致，否则无法实现筛选，最好就是直接复制数据表标题字段。 • 对于文本型数据，在模糊查找时经常会用到"＊"和"?"通配符，其使用方法与 Windows 操作系统中是一样的，即"＊"通配一串字符，"?"通配一个字符。例如，在姓名字段中查找，条件表达式如下。 ◆"张＊"：表示查找姓张的记录。 ◆"张??"：表示查找姓张的且姓名为 3 个字的记录。 　此外，通配符出现的位置不同，查找的结果也不同。例如，在省市字段中查找，条件表达式如下。 ◆"江＊"：表示查找以"江"字开头的记录。 ◆"＊江"：表示查找以"江"字结尾的记录。 ◆"＊江＊"：表示查找包含"江"字的记录

“红色+乡村”旅游区域分布情况

省市	南方/北方	地区	红色旅游景区分布（个）	乡村旅游重点村分布（个）
内蒙古	北方	华北	8	24
北京	北方	华北	15	32
吉林	北方	东北	8	27
辽宁	北方	东北	12	30
天津	北方	华北	6	18
山西	北方	华北	9	26
宁夏	北方	西北	4	29
上海	南方	华东	7	17
重庆	南方	西南	4	29
海南	南方	华南	8	24

列表区域

红色旅游景区分布（个）	乡村旅游重点村分布（个）
<=5	
	<=20

条件区域

省市	南方/北方	地区	红色旅游景区分布（个）	乡村旅游重点村分布（个）
广西	南方	华南	5	33
西藏	北方	西南	5	30
青海	北方	西北	5	28
天津	北方	华北	6	18
宁夏	北方	西北	4	29
上海	南方	华东	7	17
重庆	南方	西南	4	29

筛选结果

图 3.82 “高级筛选 1”实验各区域的建立

“红色+乡村”旅游区域分布情况

省市	南方/北方	地区	红色旅游景区分布（个）	乡村旅游重点村分布（个）
河北	北方	华北	14	35
山东	北方	华东	13	34
河南	北方	华中	14	31
陕西	北方	西北	13	34
湖北	南方	华中	14	38
江西	南方	华东	11	37
湖南	南方	华中	14	34
广东	南方	华南	13	32
广西	南方	华南	5	33
云南	南方	西南	9	36
西藏	北方	西南	5	30
北京	北方	华北	15	32

列表区域及筛选结果区域

省市	乡村旅游重点村分布（个）
东	>=30
南	>=30
西	>=30
北	>=30

条件区域

图 3.83 “高级筛选 2”实验各区域的建立

4）完成分类汇总功能

在一些情况下，希望将工作表中的数据按不同类别进行统计计算，例如，按照性别或专业统计学生人数，统计分数的平均分、最高分等。这时就需要使用 Excel 的分类汇总功能，分类汇总的前提是需要对分类字段进行升序或降序排序，然后再对汇总字段进行相应的统计计算。

（1）分类汇总操作方法。

首先对分类字段进行排序，将光标放置在数据区域中的任意单元格中，单击"数据"菜单项，选择"分级显示"工具组中的"分类汇总"按钮，出现如图 3.84 所示对话框。

在"分类汇总"对话框中设置"分类字段""汇总方式"以及"选定汇总项"，其中：

① "替换当前分类汇总"选项是指当选择另外一种汇总方式时是否替换当前已经存在的汇总项。默认值为"替换当前分类汇总"，如果不选该选项，则分类汇总结果会出现两条汇总项。

② "每组数据分页"选项：是指在打印输出时，按照分类项分页打印，即不同类别的数据分别打印在不同页上。

③ "汇总结果显示在数据下方"选项默认为汇总结果显示在原有数据的下方，如果勾掉该选项，则汇总结果显示在原有数据的上方。

（2）分类汇总结果的显示。

如果只需要显示分类汇总结果，隐藏原始数据，可以通过调整分类汇总结果左侧的分级显示按钮以及"＋/－"按钮实现，如图 3.85 所示。

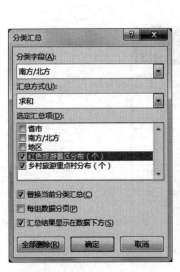

图 3.84　"分类汇总"对话框

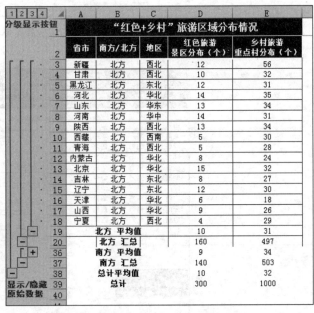

图 3.85　"分类汇总"结果分级显示

① 单击图 3.85 左侧的 1 按钮表示只显示总计结果，2～3 按钮表示显示分类汇总和总计结果（如果选择多种汇总方式就会出现多个数字级别），4 表示显示所有数据（分级显示的最后一个按钮，根据汇总方式数量不同而不同）。

② 单击图 3.85 左侧的"＋/－"号按钮，可以显示/隐藏原始数据，图 3.85 中显示了北方地区的原始数据，隐藏了南方地区的原始数据。

分类汇总实验要求与实验步骤如表 3.29 所示。

表 3.29　分类汇总实验要求与实验步骤

实 验 要 求	实 验 步 骤
（1）新建一张工作表并命名为"分类汇总1"，将"原数据"表中的数据复制到"分类汇总1"表 A1 开始的单元格中，使用分类汇总功能统计南北方红色旅游景区与乡村旅游重点村个数的合计值和平均值，结果保留整数并放置在相应单元格中且只显示分类汇总及总计数据，分类汇总结果如图 3.70 所示。 （2）新建一张工作表并命名为"分类汇总2"，将"原数据"表中的数据复制到"分类汇总2"表 A1 开始的单元格中，使用分类汇总功能统计各地区省市个数，结果放置在省市对应单元格中且显示在数据上方。统计各地区红色旅游景区与乡村旅游重点村的最小值，结果放置在相应单元格中，分类汇总结果如图3.71 所示	（1）首先对"南/北"分类字段排序，参照上述步骤打开"分类汇总"对话框并进行相应的设置，如图 3.84 所示，再次打开"分类汇总"对话框，将汇总方式改为"平均值"，取消"替换当前分类汇总"选项则出现按"南/北"分别统计红色旅游景区与乡村旅游重点村个数的合计值和平均值，调整分类汇总结果的显示，单击图 3.85 中分级显示按钮 3，得到图 3.70 所示结果。 （2）首先对"地区"分类字段排序，参照上述步骤打开"分类汇总"对话框并进行相应的设置，如图 3.86 所示。注意：在"选定汇总项"栏中选择"省市"，表示将统计的结果放置"省市"一列中。取消"汇总结果显示在数据下方"选项则统计结果显示在原数据的上方。 再次打开"分类汇总"对话框，将汇总方式改为"最小值"，取消"替换当前分类汇总"选项，在"选定汇总项"栏中选择"红色旅游景区（个）"与"乡村旅游重点村（个）"，单击"确定"按钮后得到图 3.71 所示结果。 ☞ 小贴士 • 注意区分分类项与汇总项：分类项一般选用文本型数据，例如地区、名称等；汇总项一般选用数值型数据，例如数量、金额等。 • 分类汇总功能只能选择表中的一列作为分类项，如果分类项超过一列，例如按照"南方/北方"和"地区"分类统计，则需要使用 Excel 的透视表功能来实现。 • 光标放置在数据区域中的任意单元格中，打开"分类汇总"对话框，单击"全部删除"按钮，就可以删除表中的分类汇总数据

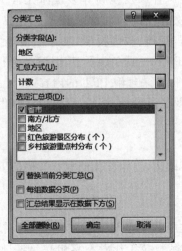

图 3.86　"分类汇总实验 2"对话框设置

5. 数据处理实验总结

本实验以"红色＋乡村旅游区域分布情况"表为素材,介绍了 Excel 的常用数据处理功能,主要包括排序、自动筛选、高级筛选和分类汇总。排序分为单字段排序和多字段排序,当涉及多字段排序时,系统首先按照第一个关键字排序,在第一个关键字有重复项时再依据第二个关键字排序,以此类推。如果需要从表中查找出满足条件的数据,可以使用 Excel 的筛选功能。自动筛选可以实现条件比较简单的筛选,结果只能显示在原表区域并隐藏不满足条件的记录,而对于一些比较复杂或自动筛选无法实现的操作,可以使用高级筛选来实现。与自动筛选不同的是,高级筛选除了需要设置条件区域之外,筛选结果也可以放置在数据表外的其他区域中。此外,设置筛选条件表达式时,根据不同的数据类型需要采用不同的关系运算符。使用分类汇总功能可以按照分类字段对表中的某些数字型字段进行统计计算,但在分类汇总之前需要对分类字段进行排序。

1) 重点内容

(1) 排序。

(2) 筛选。

(3) 分类汇总。

2) 难点内容

(1) 高级筛选。

(2) 分类汇总。

3.3 PowerPoint 演示文稿

PowerPoint(PPT)演示文稿软件是由微软公司推出的 Office 套装软件成员之一,能够制作出集文字、图片、图表、声音以及视频等多媒体元素于一体的演示文稿,把自己所要表达的信息组织在一组图文并茂的画面中。PPT 已经成为人们工作生活的重要组成部分,广泛用于产品推介、广告宣传、教师授课、工作汇报等多个领域。PPT 按用途可分为演讲型和阅读型。演讲型 PPT 一般字数不多,但渲染力很强,常用于发布会现场。而阅读型 PPT 主要是读者通过阅读来理解 PPT 的内容,设计上追求详尽细致,一般用于教师课件、研究报告等,幻灯片要经过设计、编辑、调试、放映(发布)4 个阶段。

1. 实验目的

通过实验案例,学会制作图文、声像并茂的演示文稿的方法。

2. 实验素材

PPT 制作

实验素材为"中国科技发展七十年"。70 年来,我国科技创新事业取得了骄人发展,从"上九天"到"下五洋",一代代科技工作者不忘初心、牢记使命,推动着科技实力和创新能力得到显著提升,中国科技实现了全方位跨越发展。在国家大力推动和重视下,一些前沿方向开始进入并行、领跑阶段,科技实力正处于从量的积累向质的飞跃、点的突破向系统能力提升的重要时期。

3. 实验要求

利用 PPT 相应功能将所给"中国科技发展七十年-初始文档"演示文稿进行如下编辑操作,得到如图 3.87 所示的样文效果。

图 3.87　演示文稿排版后效果

1) 了解演示文稿制作流程

(1) 设计演示文稿。

(2) 编辑演示文稿。

(3) 调试演示文稿。

(4) 放映演示文稿。

2) 设置幻灯片母版

(1) 设置所有版式的母版。

① 添加"幻灯片背景图片 1"作为幻灯片背景。

② 在幻灯片母版右上角添加"华诞 70 年"图片,设置图片大小,高度为 0.75″(英寸),宽度为 1.5″(英寸)。

③ 母版标题样式字体设置为"隶书",字号为 32,深红色,左对齐,将其移动到左上角。

④ 在标题样式占位符下方设置一条深红色粗线,将标题和下面的内容分隔开。

⑤ 母版文本样式字体设置为"微软雅黑",字号为 22,设置深红色箭头项目符号,段落行距为 1.5 倍。

(2) 设置标题版式的母版。

① 取消标题版式母版的原背景图片和分隔线的显示,添加"幻灯片背景图片 2"作为

幻灯片背景。

② 在标题版式母版的左上角插入"华诞 70 年"图片,设置图片大小:高为 1.5″(英寸),宽为 3″(英寸)。

③ 设置主标题字体为"方正粗黑宋简体",字号为 72。

3)幻灯片页面设置

(1) 设置幻灯片大小为宽屏 16:9。

(2) 设置页脚信息为"中国科技发展 70 年",添加当前日期显示并能够自动更新,添加幻灯片编号,首页和最后一页不显示编号,目录页编号为 1,以此类推。

4)添加幻灯片,设置幻灯片版式

(1) 添加幻灯片。

① 插入幻灯片。在编号为 15 的幻灯片(即"第二篇科技统计")后添加一张幻灯片,版式设置为"标题与内容",标题为"科技统计——财政科技支出逐年增长"。

② 制作表格与图表。绘制如图 3.88 所示表格和图表。

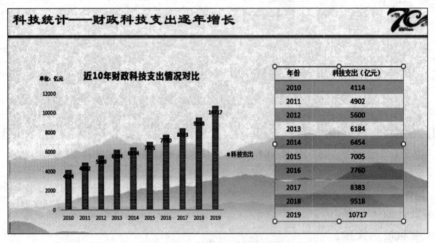

图 3.88　绘制表格和图表

③ 表格与图表的修饰。设置表格格式为"淡"系列中的"浅色样式 1-强调 2"。设置图表样式为"样式 3"、更改颜色为"单色"中的"颜色 6"、添加图表标题"近 10 年财政科技支出情况对比"、设置纵坐标轴(单位:亿元)、将图例放置在"靠右"位置、设置"值"数据标签并将其放置在"数据标签内"。

注:PPT 2010 版设置为"样式 12",2010 版没有"更改颜色"选项,请自行设置数据系列的颜色和图案填充效果。

(2) 将编号为 14 的幻灯片(即"科技掠影——"嫦娥四号"人类首次月背着陆")版式设置为"标题和竖排文字"。

5)制作图文并茂的幻灯片

(1) 在编号为 1 的幻灯片(即"目录")上添加 SmartArt 图形,版式为"图片"中的"垂直图片重点列表",并设置"更改颜色"为"彩色-个性色",为每个项目添加相应的文字和图片 1.jpg~5.jpg(图片在素材文件夹中),如图 3.89 所示。

图 3.89　用 SmartArt 图形实现目录内容

（2）在编号为 14 的幻灯片（即"科技掠影——"嫦娥四号"人类首次月背着陆"）上添加一张名为"嫦娥四号.jpg"的图片，将图片放置在文字左侧并调整大小。

（3）在编号为 20 的幻灯片（即"科技展望——中国将实现从跟跑到领跑的华丽转身"）左下图上添加一个"五角星"自选图形，图形内填写"单击"字样，并设置五角星为红色背景色，黄色边框。

（4）将编号为 22 的幻灯片（即"结束语"）最后一行文字"拓路前行，领跑未来！"设置为艺术字，字体为"方正水黑繁体"，添加渐变填充颜色效果。

（5）为幻灯片中的各张图片对象自行添加效果修饰。

6）添加音频与视频文件

（1）在编号为 0 的幻灯片（即第 1 张幻灯片）中插入素材文件夹中的 China-M.mp3 音频文件，作为幻灯片背景音乐，在幻灯片放映时自动播放直到幻灯片停止放映，播放时隐藏音频图标。

（2）在编号为 4 的幻灯片（即"科技掠影——新中国成立"）中插入素材文件夹中的"新中国成立典礼.avi"视频文件。将视频样式设置为"强烈"组中的"映像棱台，黑色"，单击"播放"按钮播放视频。

7）设置切换和动画效果

（1）设置幻灯片切换方式。

① 首页的切换方式设置为"日式折纸"，效果选项：向左（PPT 2010 版：切换方式设置为"分隔"；效果选项：中央向上下展开）；持续时间：4.5s，声音：风铃，换片方式：单击时。

② 最后一页的切换方式设置为"帘式"；持续时间：5s；声音：鼓掌；换片方式：单击时。

注：PPT 2010 版切换方式设置为"涡流"；效果选项：自底部。

③ 其余幻灯片切换方式自行定义。

（2）设置动画效果。

① 在编号为 11 的幻灯片中（即"科技掠影——北斗导航卫星"）添加如下的动画效果。

文字部分

动画：更多进入效果-温和型-基本缩放。

效果选项：按段落。

开始：单击时。

持续时间：1s。

声音：照相机。

底层图片

动画：进入-轮子。

效果选项：2 轮辐图案(2)。

开始：上一动画之后。

持续时间：2s。

中层图片

动画：进入-形状。

效果选项：方向为切入(PPT 2010 版：方向为放大)，形状为菱形。

开始：上一动画之后。

持续时间：2s。

上层图片

动画：更多进入效果-温和型-翻转式由远及近。

开始：上一动画之后。

持续时间：1s。

② 在编号为 13 的幻灯片中(即"科技掠影——巨龙入海，首搜国产航母下水")添加如下动画效果。

文字部分

动画：强调-填充颜色。

效果选项：自行选择一种填充色。

开始：单击时。

持续时间：2s。

航母图片

动画：动作路径-自定义路径。

效果选项：自由曲线(当鼠标变为画笔时，从图片所在位置开始向斜下方画到本张幻灯片外停止)。

开始：上一动画之后。

持续时间：2s。

士兵图片

动画：动作路径-自定义路径。

效果选项：自由曲线(当鼠标变为画笔时，从图片所在位置开始向斜上方画到原航母图片处停止)。

开始：上一动画之后

持续时间：2s。

③ 其余幻灯片内的动画效果自行定义。

8）PPT中的超链接

（1）将目录页幻灯片SmartArt图形中的每一项链接到相应的幻灯片上。

（2）在幻灯片母版右下方放置"第一张""前进""后退""结束"4个动作按钮，高度和宽度均为0.3″，自行设计按钮显示效果，用于实现幻灯片间的跳转。

（3）为编号为7的幻灯片（即"科技掠影——首枚地球人造卫星"）中的"东方红一号"文字添加超链接，单击后打开"东方红一号卫星"百度百科网页。

（4）为编号为20的幻灯片（即"科技展望——中国将实现从跟跑到领跑的华丽转身"）的"五角星"自选图形添加超链接，打开素材文件夹中名为redflag.py的Python绘图程序。

9）PPT的放映

（1）将目录页幻灯片隐藏查看放映效果，再取消隐藏。

（2）建立自定义幻灯片放映，命名为"简约版"，在其中添加首页、目录、序言、第一篇、第二篇、第三篇、结束语和最后一张幻灯片，并进行放映。

（3）放映演讲过程中指针选项的使用。

4. 实验步骤说明

1）了解演示文稿制作流程

（1）设计演示文稿。

设计演示文稿首先明确演示文稿所要表达的主题，根据主题确定演示文稿的框架结构和演示文稿的整体风格。其次，收集、整理演示文稿的相关资料（文本、图片、音视频等素材），用简洁的表达、动感的效果展示演示文稿的主题。

（2）编辑演示文稿。

演示文稿由多张幻灯片组成，演示文稿的框架结构一般包括封面页、目录页、标题页、内容页、总结致谢页。编辑文稿就是设计幻灯片的过程。需要设计母版主题风格、每张幻灯片的版式及所用元素、动画及切换效果。要考虑风格统一、色彩搭配合理，用图形、声音等多媒体元素取代大量的文字表达，用动态效果引人入胜。

（3）调试演示文稿。

调试演示文稿要结合设计文稿的构思，从技术效果和主题内容的表达方面查看所设计的演示文稿是否符合要求。

（4）放映演示文稿。

演示文稿调试完成后将对受众者进行放映演示，用不同格式的文件保存将适合不同的受众者观看。

2）设置幻灯片母版

启动PowerPoint后，即可看到程序主界面。图3.90所示为幻灯片界面组成。

（1）幻灯片编辑区：幻灯片窗口中间的白色区域为幻灯片编辑区，该部分是幻灯片的核心部分，主要用于显示和编辑当前幻灯片。

（2）视图窗格：视图窗格位于幻灯片编辑区的左侧，在该窗格中以缩略图的形式显示当前演示文稿中的所有幻灯片,以便查看幻灯片的设计效果。

(3) 备注区:位于幻灯片编辑区的下方,通常用于为幻灯片添加注释说明,例如幻灯片的内容摘要等。将鼠标指针停放备注区与幻灯片编辑区之间的窗格边界线上,拖动鼠标可调整备注区的大小。

(4) 幻灯片视图切换:可以在普通视图、幻灯片浏览、阅读视图、幻灯片放映 4 种视图间进行切换。

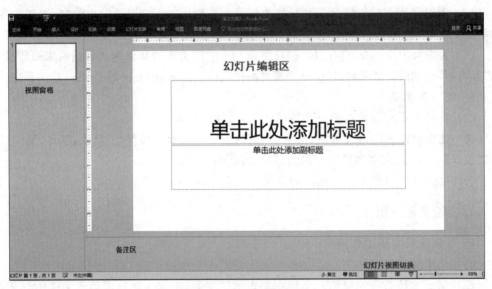

图 3.90　幻灯片界面组成

母版是一类特殊的幻灯片,它能够包含出现在每张幻灯片上的显示元素。这些显示元素包括 logo 图标、背景图片、页脚信息、动作按钮、标题或文本占位符等。如果多张幻灯片具有相同的显示内容或格式,则往往用母版来实现,对母版的任何设置都会体现在基于它的所有幻灯片上。这样就不用逐个对幻灯片进行设置,可以轻松地使幻灯片具有统一的风格,提高了工作效率,达到事半功倍的效果。

版式是幻灯片内容在幻灯片上的排列方式,例如标题版式、标题和竖排文字版式等,版式由各种占位符组成。

占位符就是先占住一个固定的位置,等待后续往里面添加内容。占位符表现为一个虚框,虚框内部往往有"单击此处添加标题"之类的提示语,一旦单击之后,提示语会自动消失。占位符能起到布局幻灯片的作用。可以通过调整母版中占位符的位置和格式实现我们的设计要求,而在普通视图中单击占位符就可以输入内容了。

设置母版的操作步骤是:选择"视图"→"母版视图"工具组→"幻灯片母版"出现左侧母版窗格,其中第一张尺寸较大的母版为总母版,对其进行设计会体现在下面的每一种幻灯片版式母版中。也可以单击总母版下方某一种版式的母版进行单独设计,例如,标题幻灯片版式是一类比较特殊的版式,用于封面或结束页,在这种幻灯片上一般不会出现设计的图形或页脚信息,所以需要单独设计这种版式的母版。

母版视图如图 3.91 所示。单击"幻灯片母版"菜单,选择"关闭"工具组中的"关闭母版视图"命令可退出幻灯片母版视图,回到幻灯片普通视图。

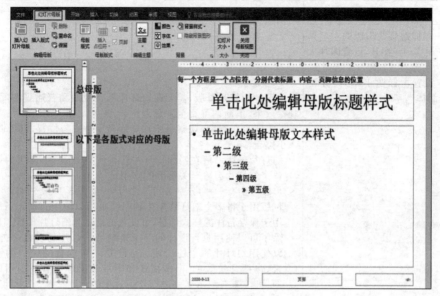

图 3.91 母版视图

设置幻灯片母版实验要求与实验步骤如表 3.30 所示。

表 3.30 设置幻灯片母版实验要求与实验步骤

实 验 要 求	实 验 步 骤
(1) 设置所有版式的母版。 ① 添加"幻灯片背景图片 1"作为幻灯片背景(介绍主题,背景图片)。 ② 在幻灯片母版右上角添加"华诞 70 年"图片,设置图片大小,高度为 0.75″(英寸),宽度为 1.5″(英寸)。 ③ 母版标题样式字体设置为"隶书",字号为 32,深红色,左对齐,将其移动到左上角。 ④ 在标题样式占位符下方设置一条深红色粗线,将标题和下面的内容分隔开。 ⑤ 母版文本样式字体设置为"微软雅黑",字号为 22,设置深红色箭头项目符号,段落行距为 1.5 倍。 (2) 设置标题版式的母版。 ① 取消标题版式母版的原背景图片和分隔线的显示,添加"幻灯片背景图片 2"作为幻灯片背景。	(1) 设置所有版式的母版。 ① 选择"视图"→"母版视图"工具组→"幻灯片母版"出现左侧母版窗格,在第一张总母版中,插入"幻灯片背景图片 1"图片并将其置于底层,设置方法同 Word 软件。 ② 在第一张总母版右上角插入"华诞 70 年"图片,选中图片,单击"图片工具"的"大小"工具组的右下角箭头,在"设置图片格式"对话框中,设置高度和宽度(注意:应先将"锁定纵横比"和"相对于图片原始尺寸"选项取消)。 ③ 在第一张总母版上选中标题样式占位符,进行字体格式和位置的设置,如图 3.92 所示。 ④ 选择"插入"菜单的"插图"工具组→"形状"→"线条"中的"直线",在标题占位符下方绘制一条直线。选择这条直线,选择"绘图工具 格式"菜单→"形状样式"→"粗线-强调颜色 2",如图 3.92 所示。 ⑤ 选中母版文本样式第一行文字,进行字体、字号及项目符号的设置,选中母版文本样式占位符设置行距,如图 3.92 所示。 (2) 设置标题版式的母版。 ① 在幻灯片母版视图左侧窗格中选中"标题幻灯片版式"(总母版下方的第一张),选择"背景"工具组中的"隐藏背景图形"命令(图 3.93),将原有的背景图形和分隔线取消,然后插入"幻灯片背景图片 2"图片并将其置于底层,设置方法同 Word 软件。

续表

实 验 要 求	实 验 步 骤
② 在标题版式母版的左上角插入"华诞70年"图片,设置图片大小:高为1.5″(英寸),宽为3″(英寸)。 ③ 设置主标题字体为"方正粗黑宋简体",字号为72	② 操作步骤同(1)中的②。 ③ 略。 　设计幻灯片母版,需要在幻灯片母版视图和普通视图间切换,观察效果,不断调整直至满意为止。 　关闭母版视图,观察每张幻灯片文字格式与位置,自行调整。 ☞ 小贴士 • 幻灯片母版一般在制作幻灯片开始时就要设置,母版的好坏对整个幻灯片起着至关重要的作用。 • 母版类型有3种,分别为幻灯片母版、讲义母版、备注母版。讲义母版用于将多个幻灯片集中到一个页面以便于打印。备注母版用于保存备注的样式信息,可设置的信息与幻灯片母版相似。 • 除了可以使用自行设计的母版来统一幻灯片的风格之外,也可以使用幻灯片的主题功能。主题是一组内置的统一的设计元素,包括背景颜色、字体格式和图形效果等内容。利用设计主题,可快速对演示文稿进行外观效果的设置。单击"设计"菜单,在"主题"工具组中选择相应的主题,每个主题都有一个名称,如环保、离子、水滴等(注:PPT 2010版主题名称有所不同),主题功能如图3.94所示。 • 如果在母版中进行了背景的设置,那么将在每张幻灯片中都会出现相同的背景,如果希望单独设置某张幻灯片的背景,则可以在该幻灯片上右击,在弹出的快捷菜单中选择"设置背景格式"命令,在"设置背景格式"对话框中,选择"隐藏背景图形"选项,然后可以进行纯色、渐变、图片或纹理、图案等填充效果的设置

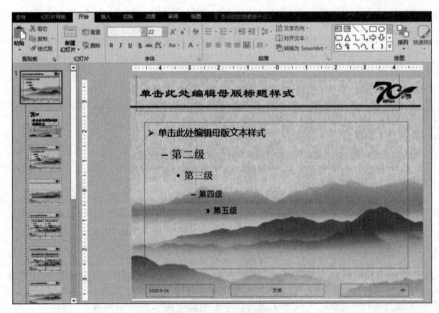

图 3.92　总母版的设置

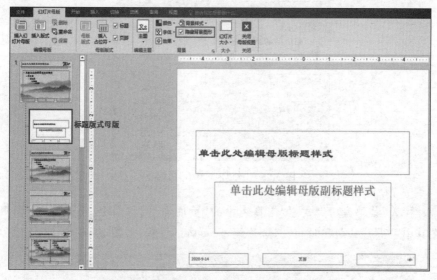

图 3.93　标题版式母版"隐藏背景图片"的设置

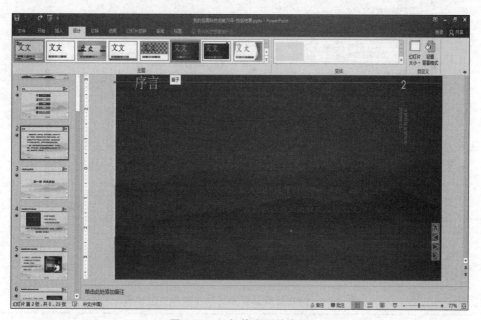

图 3.94　幻灯片主题的设置

3) 幻灯片页面设置

幻灯片页面设置包括设置幻灯片大小、编号及页脚信息等。幻灯片大小分为宽屏和窄屏。宽屏为 16∶9,窄屏为 4∶3,也可根据自己的需要自行定义幻灯片的大小。

单击"设计"菜单,选择"自定义"工具组中"幻灯片大小"下拉箭头中的"宽屏(16∶9)",选择"自定义幻灯片大小"命令,打开"幻灯片大小"对话框,在其中可进行幻灯片大小、编号等更详细的设置,如图 3.95 所示。

图 3.95　"幻灯片大小"对话框

单击"插入"菜单,选择"文本"工具组中的"页眉和页脚"命令,打开"页眉和页脚"对话框,在其中可进行日期和时间、幻灯片编号、页脚的设置,如图 3.96 所示。

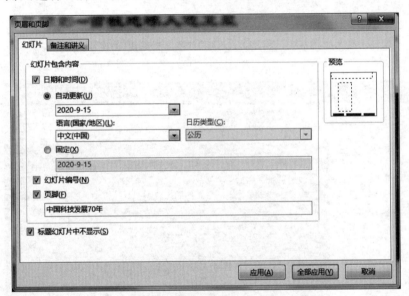

图 3.96　"页眉和页脚"对话框

幻灯片页面设置实验要求与实验步骤如表 3.31 所示。

表 3.31　幻灯片页面设置实验要求与实验步骤

实 验 要 求	实 验 步 骤
(1) 设置幻灯片大小为宽屏 16∶9。	(1) 按照图 3.95 所示"幻灯片大小"对话框进行设置(注意:因为目录页编号为1,所以此处将幻灯片编号起始值调整为0。)
(2) 设置页脚信息为"中国科技发展70年",添加当前日期显示并能够自动更新,添加幻灯片编号,首页和最后一页不显示编号,目录页编号为1,以此类推	(2) 按照图 3.96 所示"页眉和页脚"对话框进行设置(注意:①日期和时间分为打开幻灯片时自动更新为当前日期和固定日期两种显示方式。②因为封面不显示编号和页脚信息,而封面和结束页采用的版式为"标题幻灯片版式",所以需要选中"页眉和页脚"对话框中的"标题幻灯片中不显示"选项,这样在封面和结束页将不显示编号和页脚信息)。

续表

实 验 要 求	实 验 步 骤
	☞ **小贴士** 　当幻灯片调整宽屏(窄屏)无法自动缩放内容大小时,将出现如图 3.97 所示提示。 • 最大化:选择此选项,将增大幻灯片内容的大小,可能导致幻灯片内容不能全部显示在幻灯片上。 • 确保适合:选择此选项,将缩小幻灯片内容的大小,可能使内容显示得较小,但是能够在幻灯片上看到所有内容

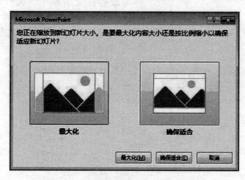

图 3.97　调整宽屏(窄屏)的提示

4) 添加幻灯片,设置幻灯片版式

在幻灯片制作过程中,经常会添加或删除幻灯片,在"插入"菜单的"幻灯片"工具组中选择"新建幻灯片"命令可实现添加幻灯片的操作,也可以在幻灯片普通视图左侧窗格中右击完成添加(删除)幻灯片的操作。

在添加幻灯片时,首先要选择幻灯片的版式,版式由占位符组成,占位符可放置文字(例如,标题和项目符号列表等)和幻灯片内容(例如,表格、图表、图片、图形和剪贴画等),幻灯片共有 11 种版式,如图 3.98 所示,其中"标题幻灯片"和"标题和内容"版式最为常用。

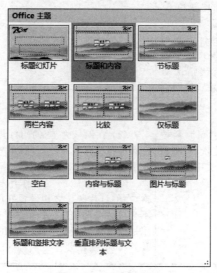

图 3.98　幻灯片版式

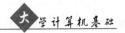

添加幻灯片,设置幻灯片版式实验要求与实验步骤如表 3.32 所示。

表 3.32　添加幻灯片,设置幻灯片版式实验要求与实验步骤

实 验 要 求	实 验 步 骤
（1）插入幻灯片。 在编号为 15 的幻灯片（即"第二篇科技统计"）后添加一张幻灯片,版式设置为"标题与内容",标题为"科技统计——财政科技支出逐年增长"。 （2）制作表格与图表。 绘制如图 3.88 所示表格和图表。	（1）在幻灯片普通视图左侧窗格中,选择编号为 15 的幻灯片→"插入"菜单,在"幻灯片"工具组中单击"新建幻灯片"下拉箭头,在出现的版式列表中选择一种版式,此处选择"标题和内容"版式,则在编号 15 幻灯片后添加了一张幻灯片,如图 3.99 所示。在标题占位符处添加标题"科技统计——财政科技支出逐年增长"。 （2）在图 3.99 所示的幻灯片的内容占位符处单击"插入表格"图标,插入一个 11 行 2 列的表格,输入以下内容: 年份,科技支出（亿元） 2010, 4114 2011, 4902 2012, 5600 2013, 6184 2014, 6454 2015, 7005 2016, 7760 2017, 8383 2018, 9518 2019, 10717 单击"插入"菜单,在"插图"工具组中选择"图表"按钮,在"插入图表"对话框中选择"柱形图"中的"簇状柱形图",插入一个柱形图表,如图 3.100 所示。将上述表格中的"年份"一列复制粘贴到图表下方 Excel 表格的"类别"一列。将"科技支出"一列复制粘贴到 Excel 表格的"系列 1"一列。删除 Excel 表格中的"系列 2"和"系列 3",完成图表制作。
（3）表格与图表的修饰。 设置表格格式为"淡"系列中的"浅色样式 1-强调 2"。设置图表样式为"样式 3"、更改颜色为"单色"中的"颜色 6"（PPT 2010 版:设置为"样式 12",2010版没有"更改颜色"选项,请自行设置数据系列的颜色和图案填充效果）、添加图表标题"近 10 年财政科技支出情况对比"、设置纵坐标轴（单位: 亿元）、将图例放置在"靠右"位置、设置"值"数据标签并将其放置在"数据标签内"。	（3）表格与图表的修饰。 按照 Word 和 Excel 讲述的方法设置表格和图表的格式。
（4）将编号为 14 的幻灯片（即"科技掠影——"嫦娥四号"人类首次月背着陆"）版式设置为"标题和竖排文字"。	（4）在编号为 14 的幻灯片上右击,选择"版式"中的"标题和竖排文字"。 ☞ 小贴士 　幻灯片母版的主要作用就是让幻灯片保持一致的风格,在幻灯片制作之初设置好母版,这样每张幻灯片样式就不必单独去调整,非常节约时间。而幻灯片版式的主要作用是设置每张幻灯片所包含的元素（标题、文字和内容等）及其布局,所以要注意两者的区别

图 3.99 添加幻灯片

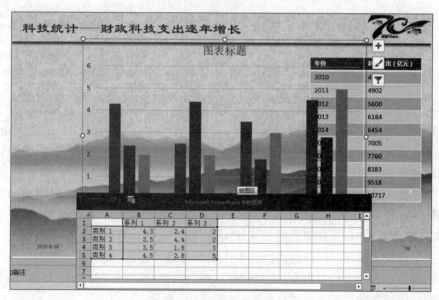

图 3.100 在幻灯片中插入图表

5) 制作图文并茂的幻灯片

为了使幻灯片的内容更加形象生动,通常要在幻灯片中插入图片、图形、艺术字、图表等对象,制作出图文并茂的幻灯片。在幻灯片中插入图片等对象并进行格式修饰的方法与 Word 软件相同,此处不再赘述。

制作图文并茂的幻灯片实验要求与实验步骤如表 3.33 所示。

表 3.33 制作图文并茂的幻灯片实验要求与实验步骤

实 验 要 求	实 验 步 骤
(1) 在编号为 1 的幻灯片(即"目录")上添加 SmartArt 图形,版式为"图片"中的"垂直图片重点列表",并设置"更改颜色"为"彩色-个性色",为每个项目添加相应的文字和图片 1.jpg～5.jpg(图片在素材文件夹中),如图 3.89 所示。	(1) SmartArt 图形的添加与修饰方法可与自选图形类似。

续表

实 验 要 求	实 验 步 骤
（2）在编号为 14 的幻灯片（即"科技掠影——"嫦娥四号"人类首次月背着陆"）上添加一张名为"嫦娥四号.jpg"的图片，将图片放置在文字左侧并调整大小。 （3）在编号为 20 的幻灯片（即"科技展望——中国将实现从跟跑到领跑的华丽转身"）左下图上添加一个"五角星"自选图形，图形内填写"单击"字样，并设置五角星为红色背景色，黄色边框。 （4）将编号为 22 的幻灯片（即"结束语"）最后一行文字"拓路前行，领跑未来！"设置为艺术字，字体为"方正水黑繁体"，添加渐变填充颜色效果。 （5）为幻灯片中的各张图片对象自行添加效果修饰	（2）图片的插入与修饰方法可参看 Word 软件的综合排版实验。 （3）自选图形的插入与修饰方法可参看 Word 软件的综合排版实验。 （4）艺术字的插入与修饰方法可参看 Word 软件的综合排版实验。 （5）略。 ☞ **小贴士** 在 Office 的 Word、Excel 和 PPT 组件中有关图片、图形、艺术字等对象的添加与修饰方法是一样的，大家在学习时要注意举一反三

6）添加音频与视频文件

在幻灯片中加入一段美妙的背景音乐，能够使幻灯片在播放时更加形象生动，而且观看者也不容易觉得枯燥乏味。有时我们还需要在幻灯片中插入视频文件，使幻灯片的内容和形式更加丰富。在幻灯片中插入音频与视频文件的方法如下。

在需要插入音视频文件的幻灯片中单击"插入"菜单，单击"媒体"工具组中的"音频"（或视频）下拉箭头→"PC 上的音频"（或"PC 上的视频"）（PPT 2010 版为"文件中的音频"/"文件中的视频"），选择相应的音视频文件，插入到当前幻灯片中。在当前幻灯片中会出现一个音视频图标，放映幻灯片时，单击图标可进行播放，进入下一张幻灯片时音视频的播放将自动停止。可单击音（视）频图标，在"音（视）频工具"菜单的"播放"选项卡中根据需要对音视频的播放方式进行设置，如图 3.101 所示。

图 3.101　音频文件的播放设置

插入音频与视频文件实验要求与实验步骤如表 3.34 所示。

表 3.34　插入音频与视频文件实验要求与实验步骤

实 验 要 求	实 验 步 骤
（1）在编号为 0 的幻灯片（即第 1 张幻灯片）中插入素材文件夹中的 China-M.mp3 音频文件，作为幻灯片背景音乐，在幻灯片放映时自动播放直到幻灯片停止放映，播放时隐藏音频图标。	（1）在编号为 0 的幻灯片中单击"插入"菜单，单击"媒体"工具组中的"音频"下拉箭头→"PC 上的音频"（PPT 2010 版为"文件中的音频"），选择 China-M.mp3 音频文件，插入到当前幻灯片中。 　在当前幻灯片中会出现一个音频图标，因为要将该音频作为背景音乐，所以单击音频图标，在"音频工具"菜单中"播放"选项卡的"音频样式"工具组中选择"在后台播放"，如图 3.101 所示。选择"在后台播放"后，系统会自动在"音频选项"工具组中进行相应的设置（PPT 2010 版：没有"在后台播放"命令，需要选择"音频工具"菜单→"播放"选项卡，在"音频选项"工具组中设置："开始"为跨幻灯片播放，选中"放映时隐藏""循环播放直到停止"选项）。
（2）在编号为 4 的幻灯片（即"科技掠影——新中国成立"）中插入素材文件夹中的"新中国成立典礼.avi"视频文件。将视频样式设置为"强烈"组中的"映像棱台，黑色"，单击"播放"按钮播放视频	（2）采用添加音频文件一样的方法在编号为 4 的幻灯片中插入"新中国成立典礼.avi"视频文件。 　单击插入的视频图标，选择"视频工具"菜单的"格式"选项卡，在"视频样式"工具组中选择"强烈"组中的"映像棱台，黑色"样式。 　放映幻灯片时单击视频图标上的"播放"按钮查看播放效果。 ☞ **小贴士** • 视频文件的插入方法与音频文件的插入方法类似，Office 2010 以上的版本可以直接内嵌音视频文件（即，无须将音视频文件复制到幻灯片所在的文件夹中）。 • PPT 中能够直接播放的视频文件格式有 AVI、WMV 等，如果遇到不支持的视频格式，PPT 将无法正常播放。可以使用格式转换软件进行视频格式的转换，然后再插入幻灯片中

7）设置切换和动画效果

幻灯片切换效果主要用于不同页面之间的转换。动画效果主要指的是同一个页面上不同元素的进入、退出、强调等变化效果。灵活地运用切换和动画效果，可以使幻灯片产生酷炫的动感，增强幻灯片的感染力。

（1）设置幻灯片切换效果的步骤。

① 选择"切换"菜单，在"切换到此幻灯片"工具组中选择一个需要的切换效果。设置了切换效果以后，还可以在该工具组的"效果选项"下拉箭头中对切换方向以及切换形状进行设置，如图 3.102 所示。

② 设置好切换效果以后，可以在"计时"工具组中设置"换片方式"，选择单击换片或间隔一定时间自动换片（也可同时设置这两种换片方式）。

③ 在"计时"工具组可设置幻灯片换片时的声音效果和换片持续时间。

④ 设置完成后，要随时单击"幻灯片放映"按钮，观察效果，不断进行调整。

如果想让所有的幻灯片都是这种切换效果，则选择"计时"工具组中的"全部应用"按钮，否则选择不同的幻灯片重复上述步骤即可为每张幻灯片添加不同的切换效果。

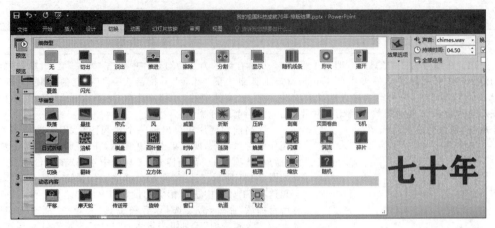

图 3.102　幻灯片切换效果设置

（2）设置幻灯片动画效果的步骤。

① 在幻灯片中选择添加动画效果的对象，单击"动画"菜单，在"动画"工具组中，打开动画效果的下拉列表，从"进入""强调""退出"3 组动画效果中选择一种动画，如图 3.103 所示。也可选择列表中的"更多进入效果""更多强调效果""更多退出效果"以及"其他动作路径"，从中选择更多的动画效果。"更多进入效果"对话框如图 3.104 所示。设置了动画效果以后，还可以在"动画"工具组"效果选项"下拉箭头中对方向、形状以及序列等效果进行设置。

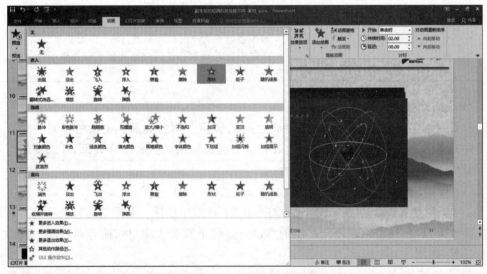

图 3.103　设置幻灯片动画效果

② 设置好动画效果以后，可以在"计时"工具组中设置动画的"开始"方式以及动画的"持续时间"和"延迟"（即经过几秒后播放该动画）。其中，动画"开始"方式有以下 3 种。

- "单击时"：只有在单击时动画才会开始播放。
- "与上一个动画同时"：动画会与上一个动画同时开始播放。

图 3.104 "更多进入效果"对话框

• "上一动画之后"：动画会在上一个动画完成后开始播放。

③ 在"高级动画"工具组中选择"动画窗格"，在幻灯片编辑区右侧出现"动画窗格"窗口，如图 3.105 所示。在动画窗格的某一动画效果上右击，在弹出的快捷菜单中选择"效果选项"命令，打开某一动画效果选项设置对话框，如图 3.106 所示，在其中有"效果""计时"和"正文文本动画"3 个选项卡，可对动画的声音效果、重复次数、文本的播放层次等进行更高级的设置。

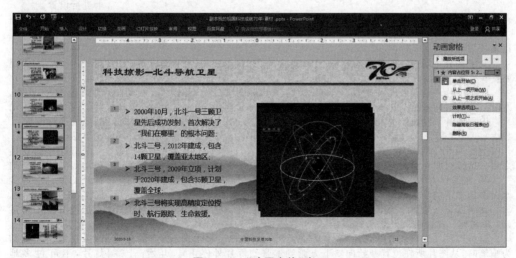

图 3.105 "动画窗格"窗口

按照上述步骤即可对幻灯片上每个需要添加动画效果的对象进行设置。在动画窗格中可以通过单击上下箭头进行播放顺序的调整。

图 3.106　动画效果选项设置对话框

设置切换和动画效果的实验要求与实验步骤如表 3.35 所示。

表 3.35　设置切换和动画效果的实验要求与实验步骤

实 验 要 求	实 验 步 骤
（1）设置幻灯片切换方式。 ① 首页的切换方式设置为"日式折纸"（PPT 2010 版：切换方式设置为"分隔"。效果选项：中央向上下展开）。效果选项：向左。持续时间：4.5s。声音：风铃。换片方式：单击时。 ② 最后一页的切换方式设置为"帘式"（PPT 2010 版：切换方式设置为"涡流"。效果选项：自底部）。持续时间：5s。声音：鼓掌。换片方式：单击时。 ③ 其余幻灯片切换方式自行定义。 （2）设置动画效果。 ① 在编号为 11 的幻灯片中（即"科技掠影——北斗导航卫星"）添加如下的动画效果。 文字部分　动画：更多进入效果-温和型-基本缩放。效果选项：按段落。开始：单击时。持续时间：1s。声音：照相机。 底层图片　动画：进入-轮子。效果选项：2 轮辐图案（2）。开始：上一动画之后。持续时间：2s。 中层图片　动画：进入-形状。效果选项：方向：切入（PPT 2010 版：方向：放大），形状：菱形。开始：上一动画之后。持续时间：2s。 上层图片　动画：更多进入效果-温和型-翻转式由远及近。开始：上一动画之后。持续时间：1s。 ② 在编号为 13 的幻灯片中（即"科技掠影——巨龙入海，首搜国产航母下水"）添加如下的动画效果。 文字部分　动画：强调-填充颜色。效果选项：自行选择一种填充色。开始：单击时。持续时间：2s。 航母图片　动画：动作路径-自定义路径。效果选项：自由曲线（当鼠标变为画笔时，从图片所在位置开始向斜下方画到本张幻灯片外停止）。开始：上一动画之后。持续时间：2s。 士兵图片　动画：动作路径-自定义路径。效果选项：自由曲线（当鼠标变为画笔时，从图片所在位置开始向斜上方画到原航母图片处停止）。开始：上一动画之后。持续时间：2s。 ③ 其余幻灯片内的动画效果自行定义	（1）设置幻灯片切换方式。 如图 3.102 所示，参照前面介绍的幻灯片切换方式设置的步骤，对①、②、③中的换片要求进行设置。 （2）设置动画效果。 如图 3.103～图 3.106 所示，参照前面介绍的幻灯片动画设置的步骤，对①、②、③中的动画要求进行设置。 ☞小贴士 　幻灯片的切换与动画效果对于幻灯片的设计会起到锦上添花的作用，不能没有也不可过多，尤其是教师上课或讲座所用的幻灯片，不可过多地使用切换与动画效果，否则会起到适得其反的效果

8）PPT 中的超链接

PPT 中使用超链接，主要是为了能快速跳转到相关内容的页面，在目录页中比较常用，通过超链接还可以链接到其他文件、网页或电子邮箱。

可以在文本或图片、图形、艺术字、动作按钮等对象上创建超链接。

通过文本或图片、图形、艺术字等对象建立超链接的方法如下。

选中需要建立超链接的对象，单击"插入"菜单，在"链接"工具组中选择"超链接"命令（或在对象上右击，在弹出的快捷菜单中选择"超链接"命令），打开"插入超链接"对话框，如图 3.107 所示，在该对话框的"链接到"栏中，可以从"现有文件或网页""本文档中的位置""新建文档""电子邮件地址"4 个选项中进行选择。

在"现有文件或网页"选项中，可以选择要打开的文件或链接的网页，如图 3.107(a)所示。

在"本文档中的位置"选项中，通过"请选择文档中的位置"栏选择要跳转的幻灯片，如图 3.107(b)所示。

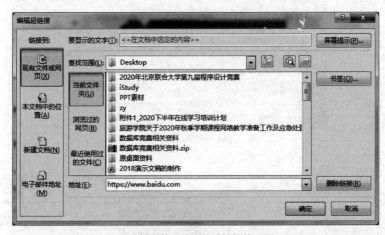

(a) 选择要打开的文件或链接的网页

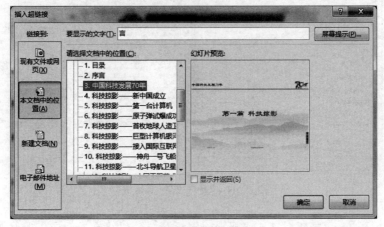

(b) 选择要跳转的幻灯片

图 3.107　"插入超链接"对话框

通过动作按钮建立超链接的方法如下。

单击"插入"菜单,在"插图"工具组中选择"形状"命令,在最下面一行的"动作按钮"组中选择相应的按钮,例如"后退""前进""第一张"等,如图3.108所示。此时鼠标变为十字形状,在幻灯片需要插入动作按钮的位置画出一个矩形,弹出如图3.109所示的"操作设置"对话框。在其中有"单击鼠标"和"鼠标移过"两个选项卡,分别代表通过鼠标单击或移过动作按钮将会打开下面所选的链接,如跳转到相应的幻灯片、打开网页或文件等。

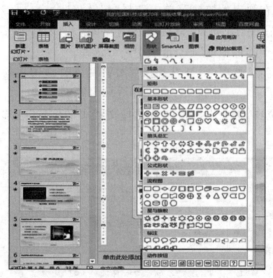

图 3.108 插入动作按钮

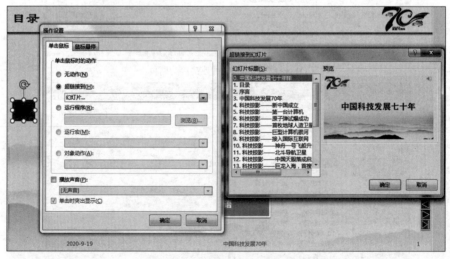

图 3.109 "操作设置"对话框

设置超链接后,需要在幻灯片放映视图中查看超链接效果。如果想要修改或删除超链接,可选择已建立超链接的文字或对象并右击,在弹出的快捷菜单中选择"编辑超链接"或"取消超链接"命令。

PPT 中的超链接实验要求与实验步骤如表 3.36 所示。

表 3.36　PPT 中的超链接实验要求与实验步骤

实 验 要 求	实 验 步 骤
（1）将目录页幻灯片 SmartArt 图形中的每一项链接到相应的幻灯片上。 （2）在幻灯片母版右下方放置"第一张""前进""后退""结束"4 个动作按钮，高度和宽度均为 0.3″，自行设计按钮显示效果，用于实现幻灯片间的跳转。 （3）给编号为 7 的幻灯片（即"科技掠影——首枚地球人造卫星"）中的"东方红一号"文字添加超级链接，单击后打开"东方红一号卫星"百度百科网页。 （4）为编号为 20 的幻灯片（即"科技展望——中国将实现从跟跑到领跑的华丽转身"）的"五角星"自选图形添加超链接，打开素材文件夹中名为 redflag.py 的 Python 绘图程序	（1）选择 SmartArt 图形中的各项，在图 3.107(b)所示"插入超链接"对话框的"请选择文档中的位置"栏中选择相应的幻灯片。 （2）打开幻灯片母版视图，在第一张总母版的右下方放置"第一张""前进""后退""结束"4 个动作按钮，在图 3.109 所示的"操作设置"对话框中，选择相应的幻灯片进行链接，对 4 个动作按钮设置大小与格式，方法同 Word 软件。 （3）在百度百科网页输入"东方红一号卫星"找到相关内容，复制该网址。在该幻灯片中选择"东方红一号"文字，在图 3.107(a)所示"插入超链接"对话框的"地址"栏中粘贴网址。 （4）选择"五角星"自选图形，在图 3.107(a)所示"插入超链接"对话框的"当前文件夹"栏中选择素材文件夹中名为 redflag.py 的 Python 绘图程序。 ☞小贴士 如果想要改变超链接及已访问的超链接的文字颜色，则单击"设计"菜单，在"变体"工具组的下拉列表中选择"颜色"，在其列表的最下方选择"自定义颜色"命令，打开"新建主题颜色"对话框，如图 3.110 所示，在其中设置"超链接"及"已访问的超链接"的颜色，这样就可以改变系统原来设定的颜色

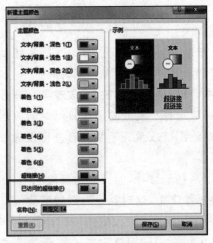

图 3.110　"新建主题颜色"对话框

9）PPT 的放映

（1）设置幻灯片放映方式。

PPT 作为学习和工作中常用的办公软件，在很多情况下需要通过幻灯片放映功能将内容展示给观众，可以在图 3.111 所示的"设置放映方式"对话框中设置幻灯片的放映方式。

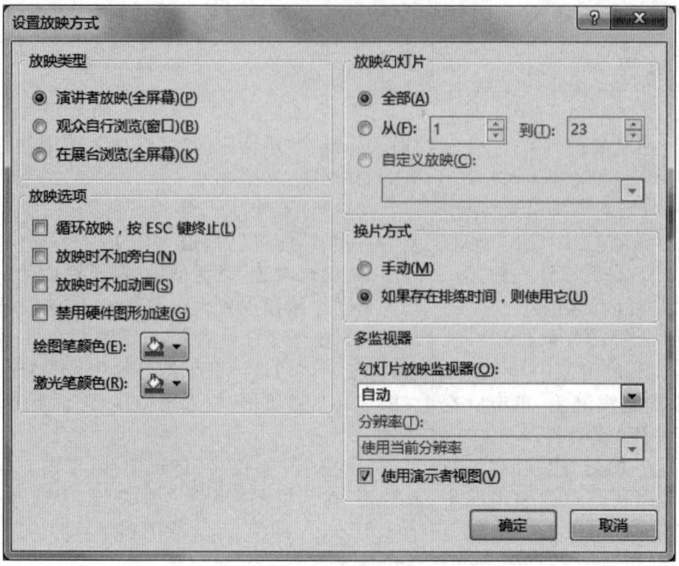

图 3.111 "设置放映方式"对话框

单击"幻灯片放映"菜单,在"设置"工具组中选择"设置幻灯片放映"命令,可打开"设置放映方式"对话框,如图 3.111 所示。

PPT 的放映类型包括以下 3 种。

① 演讲者放映。这种方式是由演讲者手动控制幻灯片的播放。

② 观众自行浏览。这种方式是由观众自行手动控制幻灯片的播放,观众通过鼠标单击相应按钮,控制幻灯片的放映。

③ 在展台浏览。这种方式用于自动放映幻灯片,如果想要实现自动播放,在幻灯片切换方式和动画设置时,需选择自动播放并设置好时间。

在"放映幻灯片"选项中,可以选择全部放映、放映某一部分或自己定义放映方式。

在"换片方式"选项中可以选择手动放映或按排练时间放映。

在"放映选项"中可以对绘图笔或激光笔颜色等进行设置。

(2) 隐藏幻灯片。

若演讲者临时不想展示某些幻灯片,但又不想删除它们,例如,教师在备课时需要某些内容,但在课堂上不必展示给学生,这时就可以设置隐藏幻灯片。

在视图窗格中选择需要隐藏的幻灯片,单击"幻灯片放映"菜单,在"设置"工具组中选择"隐藏幻灯片"命令(也可以在视图窗格中右击需要隐藏的幻灯片,在弹出的快捷菜单中选择"隐藏幻灯片"命令),则在视图窗格中该幻灯片的编号处显示一条删除斜线。如图 3.112 所示。如果要取消幻灯片隐藏则再次重复上述步骤即可。

(3) 建立自定义放映方式。

在放映幻灯片时除了上面介绍的几种放映方式外,还可以自己定义放映方式,自由选择任意几张特定的幻灯片来放映。

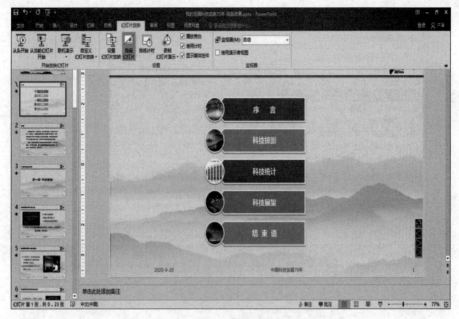

图 3.112 隐藏幻灯片

单击"幻灯片放映"菜单,在"开始放映幻灯片"工具组中选择"自定义幻灯片放映"下拉箭头,选择"自定义放映"命令,出现"自定义放映"对话框,如图 3.113 所示。单击"新建"按钮,弹出"定义自定义放映"对话框,如图 3.114 所示。在"幻灯片放映名称"栏中输入自定义放映的名称,在左栏中选择需要放映的幻灯片,单击中间的"添加"按钮,添加到右栏中。在右栏中单击上下箭头调整播放顺序,单击"删除"按钮可删除不需要的幻灯片。添加完毕后单击"确定"按钮则建立了一个自定义放映。

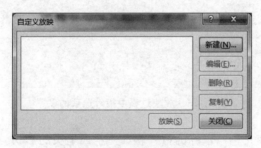

图 3.113 "自定义放映"对话框

再次单击"幻灯片放映"菜单,在"开始放映幻灯片"工具组中选择"自定义幻灯片放映"下拉箭头,则会在下拉列表中出现已建立好的自定义放映名称,单击该名称即可进行放映。

(4)放映过程中指针选项的设置。

在幻灯片放映过程中,可以在屏幕上拖动鼠标画出线条来标出重点内容。方法是:在幻灯片放映过程中,右击,在弹出的快捷菜单中选择"指针选项"命令,如图 3.115 所示。

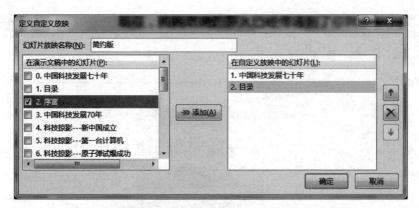

图 3.114　"定义自定义放映"对话框

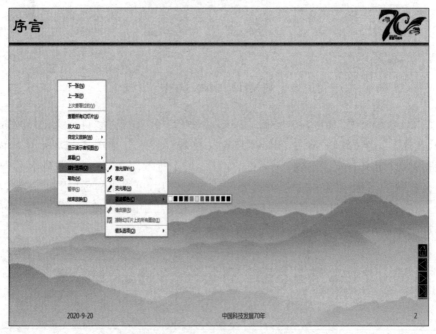

图 3.115　放映过程中指针选项的设置

① 选择"笔"或"荧光笔",鼠标的指针就会显示成笔头的形状。这时就可以在屏幕上画出线条,同时还可以通过选择墨迹颜色来添加自己喜欢的颜色。如果画错了,可以使用橡皮擦工具进行擦除。

② 选择激光指针选项,可以在幻灯片的放映过程中,将鼠标的指针变成激光灯的形状,使放映过程中,鼠标形状看起来更加容易识别。

③ 单击 Esc 键可将笔形鼠标变为原来鼠标指针形状。

④ 在右键菜单的"箭头选项"中可以设置鼠标的显示方式。其中,"自动"表示将在鼠标停止移动 3s 后自动隐藏鼠标指针,直到再次移动鼠标时才会出现;"可见"表示鼠标指针显示一直存在;"永远隐藏"表示隐藏鼠标的显示。

⑤ 选择右键菜单中的"帮助"命令,打开"幻灯片放映帮助"对话框,如图 3.116 所示。在"墨迹/激光指针"选项卡中,可以查看到更改指针的快捷键。例如,Ctrl＋P 键是将指针更改为笔,E 键是清除屏幕上的图画等。记住常用快捷键可以帮助我们在演示幻灯片时快速切换鼠标指针与笔的形状,做到讲解与写画随时转换,为演讲效果锦上添花。

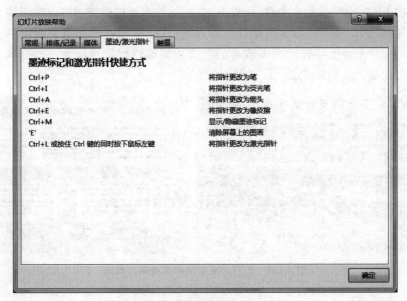

图 3.116　"幻灯片放映帮助"对话框

PPT 的放映实验要求与实验步骤如表 3.37 所示。

表 3.37　PPT 的放映实验要求与实验步骤

实 验 要 求	实 验 步 骤
(1) 将目录页幻灯片隐藏查看放映效果,再取消隐藏。	(1) 在视图窗格中选择目录页幻灯片,单击"幻灯片放映"菜单,在"设置"工具组中选择"隐藏幻灯片"命令。放映幻灯片查看效果,再按照上述步骤取消隐藏,查看放映效果。
(2) 建立自定义幻灯片放映,命名为"简约版",在其中添加首页、目录、序言、第一篇、第二篇、第三篇、结束语和最后一张幻灯片,并进行放映。	(2) 在如图 3.113 所示的"自定义放映"对话框中,单击"新建"按钮,弹出"定义自定义放映"对话框,如图 3.114 所示。在"幻灯片放映名称"栏中输入"简约版",在左栏中选择首页、目录、序言、第一篇、第二篇、第三篇、结束语和最后一张幻灯片,单击中间的"添加"按钮,添加完毕后单击"确定"按钮则建立了一个自定义放映。再次单击"幻灯片放映"菜单,在"开始放映幻灯片"工具组中选择"自定义幻灯片放映"下拉箭头,在下拉列表中出现"简约版"自定义放映,单击该名称即可进行放映。
(3) 放映演讲过程中指针选项的使用	(3) 幻灯片放映过程中运用上面所讲内容进行笔、荧光笔、激光笔和指针的切换。 ☞ 小贴士 　　将幻灯片保存为 ppsx 类型后,双击后缀为 ppsx 类型的文件,可以看到演示文稿直接变为幻灯片播放模式

10）PPT 制作中需要避免的问题

（1）把 PPT 当 Word 来用。

需要避免把 PPT 当 Word 来用，使用大段的文字堆砌 PPT，没有分组，没有重点。PPT 是一个演示工具，从它的英文上，PowerPoint，也就是放大重点的意思。没人喜欢看长篇大论的 PPT，也没有耐心去看，所以 PPT 上面的字要越精练越好。如果需要展示的文字确实较多，那么最好的办法就是提炼和分组，这样观众有时间或有兴趣时再去阅读细节。此外应尽量将文字转换为图或表的形式来展现以增加可读性。幻灯片文字堆砌与提炼的对比如图 3.117 所示。

图 3.117　幻灯片文字堆砌与提炼的对比

（2）视觉效果欠佳。

整个演示文稿风格及色调应该统一、美观。如果 PPT 视觉效果不好，常常表现在以下几个方面。

① 背景图片太突出，每张幻灯片颜色过多。整篇文稿应确定主色调及与主题相匹配的背景，每张幻灯片颜色尽量不要超过 3 种。

② 字体样式过多。整篇演示文稿字体应该统一，最好标题文字采用一种字体，例如隶书，内容文字采用一种字体，例如微软雅黑。

③ 图片质量差。"文不如表，表不如图"，好的图片，可以瞬间提升 PPT 的演示效果，但模糊、拉伸变形的图片也能够瞬间毁了 PPT，所以要避免使用与主题无关、带水印、分辨率低、拍摄水平差的图片。

④ 排版混乱随意，没有对齐。PPT 的排版要做到工整有序，这样会带来一种秩序美，否则会给人一种零乱的感觉。

（3）过多使用动态及声音效果。

在 PPT 中有很多的切换、动画及声音效果，如果运用得当能够起到画龙点睛的作用，相反则会弄巧成拙，影响幻灯片整体演示效果。所以，我们在使用时需要把握好这个度。

上面列举了一些 PPT 制作中常犯的错误，在制作 PPT 时要从文字、背景、字体、配色、图片、排版以及动画这几个主要构成元素入手进行合理的设计。平时应注意搜集和整理 PPT 素材、借鉴和学习优秀的 PPT 作品，这样才能提高自己的审美水平和设计能力。

5. 制作演示文稿实验总结

本实验以"中国科技发展七十年"为素材,介绍了 PPT 的制作方法。PPT 的制作流程分为设计、编辑、调试与放映 4 个环节。在设计阶段需要根据主题确定整体框架并收集整理素材。在编辑阶段需要使用母版功能使得幻灯片风格保持一致、需要设计每张幻灯片的版式并添加文字、图片、表格等元素,使幻灯片的内容更加丰富。此外,在幻灯片中还需要适当添加音(视)频等多媒体对象以及动画、切换效果,起到画龙点睛的作用。调试幻灯片时需要从文字、背景、字体、配色、图片、排版以及动画这几个主要构成元素入手进行检查,避免出现文字过多、视觉效果欠佳、过度使用动态效果的错误,最终把精彩完美的演示文稿呈现给观众。

1) 重点内容

(1) 设置幻灯片母版。

(2) 设置幻灯片页面。

(3) 幻灯片的编辑操作。

(4) 添加多媒体对象。

(5) 设置切换和动画效果。

(6) 设置 PPT 中的超链接

(7) 设置 PPT 的放映方式。

2) 难点内容

(1) 设置幻灯片母版。

(2) 设置幻灯片编号与页脚信息。

(3) 设置背景音乐。

(4) 设置复杂的动画效果。

3.4　本章小结

本章以实验案例为导向,介绍了 Office 办公软件中 Word、Excel、PowerPoint 3 个常用组件的高级应用。在 Word 软件中介绍了运用综合排版手段制作图文并茂的文档,以及对论文、标书、书籍等长文档进行排版的方法。在 Excel 软件中介绍了 Excel 表格的基本操作、公式和函数计算、图表制作以及数据处理等相关操作。在 PowerPoint 软件中介绍了制作演示文稿的流程以及运用多媒体元素制作幻灯片的方法。由于这 3 个组件同属于 Office 软件,所以它们具有统一的界面、相似的工具栏以及大同小异的操作方式,只是功能侧重点有所不同,所以我们在学习和运用中要注意相互借鉴,提高综合应用办公软件解决实际问题的能力,达到学以致用的目标。

3.5　习　　题

1. 任选一篇文章完成以下 Word 综合排版操作。

(1) 页面格式设置。

(2) 字符格式设置。

(3) 段落格式设置。

(4) 版面格式设置。

(5) 图文混排效果设置。

(6) 项目符号(编号)设置。

(7) 查找替换功能的应用。

(8) 表格制作与修饰。

2. 任选一篇文章完成以下 Word 长文档排版操作。

(1) 生成目录。

(2) 按章节设置不同的页眉与页脚。

(3) 制作书签与超链接,实现从每章最后快速返回目录页。

(4) 添加脚注和尾注,对文章中的词语进行注释说明。

3. 制作一张学生成绩表,请自行设定表中的数据并完成如下操作。

(1) 设置单元格数字格式及表格格式。

(2) 设置页面格式。

(3) 为单元格设置名称并添加批注。

(4) 运用公式和函数完成相关计算。

(5) 条件格式设置。

(6) 制作图表。

(7) 使用自动筛选功能筛选数据。

(8) 使用高级筛选功能筛选数据。

(9) 使用分类汇总功能完成数据统计。

4. 任选主题,制作一份演示文稿并完成如下操作。

(1) 幻灯片母版设置。

(2) 幻灯片页面设置。

(3) 幻灯片版式设置。

(4) 制作图文并茂的幻灯片。

(5) 添加音频与视频文件。

(6) 设置切换和动画效果。

(7) 设置 PPT 中的超链接。

(8) 设置 PPT 的放映方式。

第 4 章

chapter 4

程序设计基础

学习程序设计语言,最重要的是要掌握编程思想。我们需要了解计算机的工作原理,计算机与程序的关系,基本的程序设计方法,以及算法相关内容。掌握了编程思想,面对一门具体的编程语言时,只需要简单了解该语言的语法特点,即可快速上手。

4.1 计算机与程序

4.1.1 计算机是如何工作的

随着计算机、互联网、多媒体等技术的飞速发展,计算机及其应用已经广泛渗透到社会的每个领域,利用计算机可以预测天气、设计飞机、制作电影、完成金融交易、实现机器控制等。计算机与人们的生活也密不可分,如通过社交媒体与朋友联系,通过计算机完成作业,通过互联网在线购物、听音乐、看电影。你是否认真地思考过,计算机为什么能够执行这么多的任务?

我们先回顾一下计算机的定义。现代计算机可以被定义为:在可改变的程序控制下,存储和操纵数据的机器。这个定义有两个关键因素:第一,计算机是用于操纵数据的设备,这就意味着我们可以将数据放入计算机,然后通过计算将其转换为新的、有用的形式输出显示;第二,意味着计算机具有可编程性,可以根据一系列指令自动地、可预测地、准确地完成操作者的意图,即计算机可以在多个可改变的程序的控制下运行。

计算机程序是一组详细的分步指令,告诉计算机确切地做什么。如果人们改变程序,计算机就会执行不同的动作序列,从而执行不同的任务。正是这种灵活性让计算机既是文字处理器,又是金融顾问,同时还是我们的娱乐宝地。机器保持不变,只是控制机器的程序变了。

每台计算机只是执行程序的机器。我们已知的多种类型的计算机,比如最熟悉的PC、笔记本电脑、平板计算机和智能手机,通过适当的编程,每台计算机上都可以做其他计算机可以做的事情。

那么计算机具体是如何工作的呢?从以上的讲解可知计算机的工作过程本质上是执行程序的过程,而程序是由若干条指令组成的,计算机逐条执行程序中的指令,就可完成一个程序的执行,从而完成一项特定的工作。要了解计算机的工作原理,我们还需要回顾一下计算机的硬件结构及指令和指令执行的基本过程。

虽然不同的计算机在具体细节上会有显著不同,但是在更高层面上,所有现代数字计算机都是非常相似的。图 4.1 展示的是计算机的功能图,其中 CPU 负责执行所有基本操作,如执行简单的算术运算(例如两个数相加),或逻辑运算(例如比较两个数是否相等)。存储器用来存储程序和数据。CPU 只能访问存储在主存储器(RAM)中的信息,主存储器虽然速度快,但是它不能保存数据而且容量小,当电源关闭时,主存储器中的信息就会丢失。为了能存储更多的数据,提供永久存储,提高处理能力,计算机需要一个外存储器,它的存储能力比内存储器要大得多。这类存储器有硬盘驱动器、光盘驱动器、便携式移动硬盘以及 U 盘等。

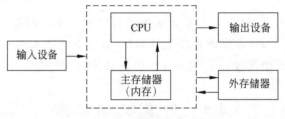

图 4.1　计算机功能图

人们通过输入和输出设备与计算机进行交互。常见的输入设备有键盘、鼠标,输出设备有显示器。CPU 处理来自输入设备的数据,并且可以将它们移动到内存或外存储器,同时 CPU 还可以将要显示的数据发送到一个或多个输出设备输出显示。

那么当我们启动某个应用程序,如文字处理程序时,计算机如何工作?当启动某个程序时,构成程序的指令被加载到内存,一旦指令被加载,CPU 就开始执行程序。

CPU 执行程序的过程为一个"读取—执行—读取"的循环过程:先从内存读取第一条指令,通过解码了解该指令的要求,并执行适当的动作,然后再获取、解码、执行下一条指令,循环继续。这是计算机的日常工作,看似简单,但是计算机每秒可以完成数十亿条指令。将足够多的简单指令以正确的方式放在一起,计算机就完成了惊人的工作。

4.1.2　编程语言

程序由多个语句组成,每个语句是一条指令,该指令可包含多个操作。程序中语句有规定的关键字和语法结构。可以通过控制指令(如顺序、选择、循环和调用等)来改变程序的执行流程,从而控制计算机的处理过程。

可以说程序是一系列的指令,告诉计算机做什么。很显然,人们需要用计算机可以理解的语言来提供这些指令。

编程语言又称为程序设计语言,本书中两种说法都会出现并交替使用。

编程语言是用来定义计算机指令执行流程的形式化语言,包含一组预定义的关键字和语法规范,这些规范包括数据类型、指令类型、指令控制、调用机制和库函数等,另外还包括一些诸如变量命名规则、程序书写规则等行业规范。

一门编程语言一般需要定义语法、语义和语用。语法表示程序的结构或形式,亦即表示构成语言的各个记号之间的组合规律;语义表示程序的含义,亦即表示按照语法所表示的各个记号的特定含义,语言只是一堆符号的集合,有了语义规则,这些符号才具有其意义;语用表示程序与使用者之间的关系,它使语言的基本概念与语言的外界联系起来。

按照编程语言与硬件的层次关系,可将编程语言分为低级语言(机器语言、汇编语言)和高级语言。

1. 机器语言

机器语言是二进制代码指令的集合,是计算机硬件系统能够直接识别和执行的计算机语言。机器语言中的每一条语句实际上是一条二进制的指令代码,由操作码和操作数组成。操作码指出应该进行什么样的操作,操作数指出参与操作的数据本身或它在内存中的地址。例如,把寄存器 BX 中的内容送到寄存器 AX 中的机器指令为1000100111011000。对于不同的计算机硬件,其机器语言是不同的。因此,针对某一种计算机所编写的机器语言,无法在另一种计算机上执行。

机器语言具有灵活、直接执行和速度快等特点,但是用机器语言编写程序,工作量大,难以阅读、记忆,容易出错,调试修改麻烦,不易移植。

2. 汇编语言

为了克服机器语言的缺点,汇编语言用助记符来代替机器指令的操作码,用地址符代替操作数。由于这种符号化的做法,汇编语言也被称为符号语言。

把寄存器 BX 中的内容送到寄存器 AX 中的汇编指令为 mov ax,bx。

由于计算机能够直接识别的只有机器语言,所以汇编语言的源程序不能在计算机上直接运行,需要用汇编程序把它翻译成机器语言后才能运行。

汇编语言比机器语言直观,容易理解、记忆、检查和修改,同时保持了机器语言执行速度快、占用存储空间少的优点。但是汇编语言也是面向机器的语言,不具备通用性和可移植性。由于机器语言和汇编语言都直接操作计算机硬件并基于此设计,所以它们统称为低级语言。

3. 高级语言

高级语言是一类面向问题或面向对象的语言,并不面向机器,不依赖于具体的计算机。高级语言不是一种语言,而是多种编程语言的统称(例如 C、Java、Python 和 SQL 等)。相比低级语言,高级语言是接近自然语言的一种计算机程序设计语言,可以更容易地描述计算问题并利用计算机解决计算问题。例如,执行数字 7 和 8 相加并把结果赋值给变量 result,在 Python 中可表示成 result＝7＋8,该代码只与编程语言相关,与计算机结构无关,同一种编程语言在不同计算机上的表达方式是一致的。

高级语言的特点是易学、易用、易维护,人们可以更有效、更方便地利用它编写各种用途的计算机程序。

4.1.3　编译和解释

用某种编程语言编写的计算机程序称为源代码,与之相对应的是计算机可直接执行的目标代码。通常人们所说的源代码指高级语言代码,目标代码是机器语言代码。

把 2+3 的结果赋值给变量 result,用 Python 语言表示的源代码为 result=2+3,这种代码很容易理解,但是计算机只能识别并执行机器语言,人们需要一些方法将高级语言翻译成计算机可以识别的机器语言。有两种方法可以完成这个翻译任务:"编译"和"解释"。

"编译"是将源代码转换为目标代码的过程,执行"编译"任务的是一个计算机程序,称为编译器。高级语言的编译过程如图 4.2 所示。

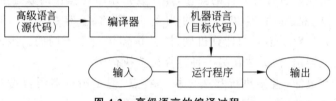

图 4.2　高级语言的编译过程

执行解释任务的也是一个计算机程序,称为解释器。解释器不像编译器那样将源代码直接翻译成机器语言,而是根据需要逐条分析和执行源代码指令,图 4.3 展示的是高级语言的解释过程。

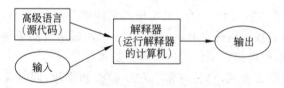

图 4.3　高级语言的解释过程

编译和解释的区别在于,编译是一次性翻译,一旦程序被编译,就可以重复运行而不再需要编译器或源代码。而解释则在每次程序运行时都需要解释器和源代码。在执行速度上,编译的程序往往更快,因为翻译是一次完成的。在可移植性方面,解释型语言具有更好的可移植性,只要存在解释器,源代码就可以在任何操作系统上运行。在程序升级方面,编译型的程序如果升级,需要重新下载一个新文件,安装、覆盖原来的程序。而解释型语言,只要重新写好源代码即可,用户不需要过多干预。

根据编译和解释两种程序执行方式,编程语言可分为静态语言和脚本语言。采用编译执行的语言是静态语言,如 C 语言、Java 语言;采用解释执行的语言是脚本语言,如 JavaScript 语言、PHP 语言等。Python 语言是一种脚本语言,采用解释的执行方式,但是它同时也保留了编译器的部分功能,此时解释器由一个编译器和一个虚拟机构成,编译器负责将源代码转换为字节码文件,而虚拟机负责逐行解释执行字节码。这种将解释和编译过程相结合的新型解释器是脚本语言为了提升计算性能而进行的一种有益演进。

4.1.4 程序设计方法

常用的程序设计方法有结构化程序设计方法和面向对象程序设计方法。

1. 结构化程序设计方法

1965 年,计算机科学家艾兹格·W·迪科斯彻提出结构化的概念,它是软件发展的一个重要的里程碑。结构化程序设计的主要观点是:采用自顶向下、逐步求精和模块化的程序设计方法。

(1) 自顶向下。自顶向下指将复杂的问题分解为简单的小问题,找出每个问题的关键、重点,然后用精确的思维定性、定量地去描述问题,其核心本质是"分解"。

(2) 逐步求精。逐步求精指程序设计时,先考虑总体,后考虑细节;先考虑全局目标,后考虑局部目标,设置全局内容后再对局部的问题进行逐步细化和具体化。

(3) 模块化。模块化指将待开发的软件系统划分为若干个相互独立的模块,这样完成每一个模块的工作变得单纯而明确,为设计一些较大的软件打下良好的基础。

任何简单或复杂的算法都可以由顺序、选择和循环这 3 种结构组合而成。这 3 种结构被称为程序设计的 3 种基本结构,也是结构化程序设计必须采用的结构。

(1) 顺序结构。顺序结构是最基本、最常用的结构。语句与语句之间按从上到下的顺序依次执行,是任何一个算法都离不开的一种基本算法结构。如图 4.4 所示,图中操作 A 和操作 B 是依次执行的,只有执行完操作 A,才能接着执行操作 B。

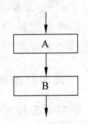

图 4.4 顺序结构

(2) 选择结构。选择结构又称为分支结构,这种结构在处理问题时根据条件进行判断和选择。分支结构包括单分支选择结构、双分支选择结构和多分支选择结构。图 4.5 展示了 3 种分支结构。图 4.5(a)是一个单分支选择结构,如果条件 P_1 成立,则执行处理框 A,否则直接退出选择结构。图 4.5(b)是一个双分支选择结构,如果条件 P_1 成立则执行处理框 A_1,否则执行处理框 A_2。无论条件 P_1 是否成立,只能执行 A_1 框或 A_2 框之一,不可能既执行 A_1 框,又执行 A_2 框,也不可能 A_1 框和 A_2 框都不执行。A_1 框或 A_2 框中可以有一个是空的,这样就变成了单分支结构。图 4.5(c)是一个多

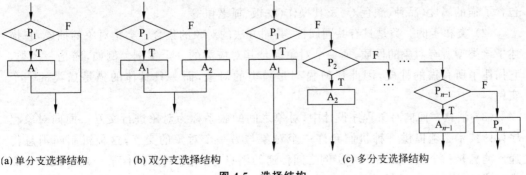

(a) 单分支选择结构　　　(b) 双分支选择结构　　　　　　(c) 多分支选择结构

图 4.5 选择结构

分支选择结构,依次判断多个条件,只要有一个条件满足,则执行该条件下的处理框,然后退出分支结构。

(3) 循环结构。循环结构又称为重复结构,在处理问题时根据给定条件重复执行某一部分的操作。循环用于解决重复代码的问题。循环语句允许人们用简单的方法执行一个语句或语句块多次,在大多数编程语言中循环语句的一般形式如图 4.6 所示,当条件 P 成立时,重复执行语句块 A;P 不成立时,退出循环。

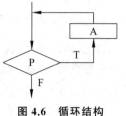

图 4.6　循环结构

结构化程序设计的每种结构都只有一个入口和一个出口,这是结构化程序设计的一个原则。根据结构化程序设计方法设计出的程序易于阅读、理解和维护,同时还提高了编程的工作效率,降低了软件开发成本。但是结构化程序设计方法也存在弱点。

一是难以适应大型软件的设计:在大型多文件系统中,随着数据量的增大,数据与数据处理相对独立,程序变得越来越难以理解,文件之间的数据沟通也变得困难。

二是程序的可重用性差:结构化程序设计方法不具备建立"软件部件"的工具,即使面对老问题,数据类型的变化或处理方法的改变都必将导致重新设计。

这些问题是结构化程序设计的特点导致的,其自身无法克服,而越来越多的大型程序设计又要求必须克服它们,最终促使面向对象程序设计方法产生。

2. 面向对象程序设计方法

面向对象程序设计方法起源于信息隐藏和抽象数据类型的概念。它的基本思想是将要构造的软件系统表示为对象集,其中每个对象是将一组数据和使用它的一组基本操作或过程封装在一起而组成的实体,对象之间的联系主要通过消息的传递实现。与结构化程序设计方法相比,面向对象程序设计方法最显著的特点是它更接近于人们通常的思维规律,因而设计出的软件系统能够更直接地、自然地反映客观现实中的问题。

1) 面向对象程序设计的基本概念

(1) 对象。对象是面向对象方法中最基本的概念。对象可以用来表示客观世界中的任何实体。从简单的整数到复杂的飞机等均可看作对象。面向对象程序设计方法中涉及的对象是系统中用来描述客观事物的一个实体,是构成系统的一个基本单位,由一组表示其静态特征的属性和它可执行的一组操作组成。例如,一只猫可以是一个对象,它包含了猫的属性(品种、颜色等)及其操作(吃饭、抓老鼠等)。

(2) 类和实例。类是具有共同属性、共同方法的对象的集合。类是对象的抽象,它描述了该类型所有对象的性质,而一个对象则是其对应类的一个实例。例如,猫是一个类,它描述了所有猫的性质,因此任何猫都是猫类的对象,而一只具体的猫是猫类的一个实例。

(3) 消息。面向对象程序设计中,对象之间的联系称为对象进行交互。面向对象程序设计技术必须提供一种机制允许一个对象与另一个对象的交互,这种机制叫消息传递。消息是一个实例与另一个实例之间传递的消息,是请求对象执行某一处理或某一要求的消息。例如,一个汽车对象具有"行驶"这项操作,那么让汽车以 80km/h 的速度行驶时,需要传递给汽车"行驶"以及 80km/h 的消息。

2)面向对象程序设计方法的基本特征

面向对象程序设计方法具有抽象、封装、继承和多态性 4 个基本特征。

(1)抽象(Abstract)。抽象是将有关事物的共性归纳、集中的过程,是指将具有相同的属性和操作的对象抽象成类。面向对象程序设计中的抽象包括数据抽象和代码抽象两个方面。数据抽象定义了对象的属性和状态,即此类对象区别于彼类对象的特征物理量;代码抽象定义某类对象的共同行为特征或具有的共同功能。任何类的划分都是主观的,但必须与具体的应用有关。

(2)封装(Encapsulation)。面向对象程序设计中,封装包含两层含义:一是将抽象得到的有关数据和操作代码相结合,形成一个有机的整体,对象之间相对独立,互不干扰;二是封装将对象封闭保护起来,对象中某些部分对外隐蔽,隐藏内部的实现细节,只留下一些接口接收外界的消息,与外界联系,这种方法称为信息隐蔽(Information Hiding)。信息隐蔽有利于数据安全,防止无关的人了解和修改数据。封装保证了类具有较好的独立性,可以防止外部程序破坏类的内部数据,使得程序维护、修改比较容易。

(3)继承(Inheritance)。在面向对象程序设计中,如果已经建立一个类 A,又需要建立另一个与 A 基本相同但增加了一些属性和方法的类 B,这时没有必要从头设计一个新类,只需在类 A 的基础上增加一些新的内容即可。即一个新类可以从现有的类中派生,这个过程称为类继承。新类继承了原来类的特性,称为原来类的派生类(子类),而原来类称为新类的基类(父类)。利用继承可以简化程序设计的步骤,程序员通过只对新类与已有类之间的差异进行编码可以很快建立新类,当然也可以对其进行修改或增加新的方法使其更适合特殊的需要。

继承提供了一种明确表述共性的方法,允许和鼓励类的重用,不仅可以利用自己建立的类,还可以使用别人建立的或者存放在类库中的类,从而大幅缩短软件开发的周期。同时,这些已有的类通常都已经进行了反复测试,无须再进行调试,可以提高软件的质量。

(4)多态性(Polymorphism)。多态性是指允许不同的对象对同一消息做出不同响应,执行不同操作。利用多态性,可以在基类和派生类中使用同样的函数名,而定义不同的操作,从而实现"一个接口,多种方法"。多态性机制不仅增加了面向对象软件系统的灵活性,又进一步减少了信息冗余,而且显著提高了软件的可重用性和扩充性。

结构化程序设计方法和面向对象程序设计方法虽然思考方式、方法论不同,但从最终目标上来讲,二者是相同的,即都是为了设计出符合用户需求的软件。

面向对象方法并没有完全批判结构化程序设计方法,而是吸收其优点,并且引进一些新的概念。结构化方法更适合于那些强调过程、强调对数据处理的软件。这类软件就像一个流水线,数据进入这个流水线并流出,每一步都是一个结构化的层次。而面向对象方法更适合于那种以功能为特性的软件。

4.2　算法基础

计算机系统中的任何软件都是由各种程序模块组成的,每个模块都按照特定的算法实现,算法的好坏直接决定了软件性能的优劣。算法设计是计算机科学的一个核心问题。

4.2.1　算法的概念

在给出算法的定义之前,先看一个生活中常见的问题。

有一个人带一只狼、一只羊和一筐菜过河。如果没有农夫看管,狼会吃羊,羊会吃白菜。但是船很小,只够农夫带一样东西过河,问农夫改如何解决该问题?

大家在思考之后会给出解决这个问题的如下步骤。

(1) 带羊到对岸,返回。

(2) 带菜到对岸,并把羊带回。

(3) 带狼到对岸,返回。

(4) 带羊到对岸。

上面这几个步骤,就是解决该问题的算法。

数学上给出的算法定义为:算法通常是指按照一定规则解决某一类问题的明确、有限的步骤。

广义上,完成某项工作的方法和步骤都是算法,例如菜谱是做菜的算法,歌谱是一首歌曲的算法,电视说明书是电视使用的算法等。

计算机领域的算法是指可以用计算机来解决的一类问题的程序和步骤,能够对符合一定规范的输入,在有限时间内获得所要求的输出。不同的算法可能用不同的时间、空间或效率来完成同样的任务。一个算法的优劣可以用空间复杂度和时间复杂度来衡量。

算法是对问题求解过程的一种描述,是解决一个问题确定的、具有有限长度的操作序列。不同的问题需要用不同的算法来解决,同一个问题也可能有不同的解决方法。

一个算法应该具有如下 5 个基本特征。

(1) 确定性与可行性。在算法设计中,算法的每个步骤必须要有确切的含义且能够有效地执行。

(2) 有穷性。算法的有穷性是指算法必须在一定的时间内能够完成,即一个算法应该包含有限的操作步骤且在有限的时间内能够执行完毕。

(3) 有效性。算法中的每个步骤都应该能有效执行,并得到确定的结果。

(4) 有输入。有零个或多个输入。在算法执行的过程中有时需要从外界取得必要的信息,即输入必要的数据,并以此为基础解决某个特定的问题。也可能没有输入,此时就需要算法本身给出必要的初始条件。

(5) 有输出。有一个或多个输出。设计算法的目的是要解决问题,算法的计算结果就是输出。没有输出的算法是毫无意义的。一个算法可以有一个或多个输出,输出结果的形式也可以有多种。

　　根据待解决问题的形式模型和求解要求,算法分为数值运算算法和非数值运算算法两大类。

　　(1) 数值运算算法。数值运算是指对问题求数值解,例如,代数方程计算、线性方程组求解、矩阵计算、微分方程求解等都属于数值运算范畴。通常,数值运算有现成的模型,这方面的现有算法比较成熟。

　　(2) 非数值运算算法。非数值运算算法通常为求非数值解的方法,例如前面运送动物和菜过河的问题,以及常见的排序、查找、表格处理、文字处理和车辆调度等。非数值运算算法种类繁多,要求各不相同,很难规范化。

4.2.2　算法的表示方法

　　算法的描述方法有多种,常用的有自然语言、流程图和伪代码描述等。

1. 用自然语言表示

　　自然语言就是人们平常使用的语言,可以是中文、英文等。

　　例 4-1　计算 sum＝1＋2＋…＋n－1＋n,用自然语言算法描述如下。

　　(1) 确定 n 的值。

　　(2) 设置等号右边的算式项 i 的初始值为 1。

　　(3) 设置 sum 的初始值为 0。

　　(4) 如果 i<＝n,则执行步骤(5),否则执行步骤(8)。

　　(5) sum 加 1 后的值重新赋给 sum。

　　(6) i 加 1,然后重新赋值给 i。

　　(7) 转向步骤(4),继续执行。

　　(8) 输出 sum 的值,算法结束。

　　自然语言表示算法通俗易懂,但对于较复杂的分支、循环结构的逻辑流程,则表达不够清晰直观,有时甚至产生二义性。流程图表示算法可以解决自然语言算法中存在的可能的二义性问题。

2. 流程图表示

　　流程图是一种广泛应用的算法描述工具,也是最常见的算法图形化表达工具。传统流程图利用几何图形的图框来代表各种不同的操作,用流程线来指示算法的执行方向,用规定的一些图框、线条来形象、直观地描述算法处理过程。与自然语言相比,流程图可以清晰、直观、形象地反映控制结构的过程。常见的流程图符号如表 4.1 所示。

表 4.1　常见的流程图符号

符号名称	图形	功　　能
起止框		表示算法的开始或结束
处理框		表示一般的处理操作,如计算、赋值等

符号名称	图形	功　能
判断框	◇	表示对一个给定的条件进行判断
输入输出框	▱	表示算法的输入输出操作
流程线	↓ 或 →	用流程线连接各种符号,表示算法的执行顺序
连接点	○	成对出现,同一连接点内标注相同的数字或文字,用于将不同位置的流程线连接起来,避免流程线的交叉或过长

这种图在表达上直观、形象、易于理解与交流,使用非常广泛,4.1.4 节的顺序、分支、循环结构图就是用传统流程图表示的。

例 4-2　计算 $sum=1+2+\cdots+n-1+n$,用流程图表示算法,如图 4.7 所示。

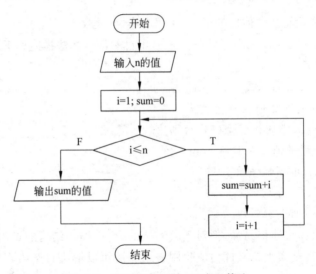

图 4.7　流程图表示例 4-2 求和算法

3. 伪代码表示方法

伪代码是一种用来书写程序或描述算法时使用的非正式、透明的表述方法。它采用自然语言、数学公式和符号来描述算法的操作步骤,同时采用计算机高级语言(如 C、Java 和 Python)的控制结构来描述算法步骤的执行。使用伪代码的目的是为了使被描述的算法可以容易地以任何一种编程语言实现。伪代码描述算法简洁、易懂,修改起来也比较容易,并且很容易转化为程序语言代码。

例 4-3　计算 $sum=1+2+\cdots+n-1+n$,使用伪代码描述算法如下。

(1)算法开始

(2)输入 n 的值

(3) i ← 1　　　　　　　　/ * 为变量 i 赋初值 * /

(4) sum ← 0　　　　　　/ * 为变量 sum 赋初值 * /

(5) while i<=n　　　　/ * 当 i<=n 时,执行{}内的循环语句 * /

(6) {sum ← sum+i

(7) i ← i+1}

(8) 输出 sum 的值

(9) 算法结束

4.2.3　常用算法

掌握一些常用的算法设计策略,有助于人们在进行问题求解时,快速找到有效的算法。

1. 枚举法

枚举法,也称为穷举法,其基本思想是:在分析所要解决的问题时,列举出所有可能的答案,然后根据给定的条件逐个判断此答案是否合适,合适就采纳,不合适就丢弃,最后得出一般结论。枚举法主要利用计算机运算速度快、精确度高的特点,对要解决问题的所有可能情况,逐个进行检验,从中找出符合要求的答案。因此,枚举法是通过牺牲时间来换取答案的全面性。枚举法一般通过循环或者递归实现,优点是算法简单,缺点是运算量大。当问题的规模变大时,循环的阶数也变大,相应增大执行时间。

例 4-4　求 1~100 中所有能被 3 整除的数。

问题分析:这类问题可以使用枚举法,将 1~100 中所有数一一列举,然后对每个数进行判断。用自然语言描述算法如下:

(1) 初始化 x=1。

(2) x 依次取从 1 到 100 的值。

(3) 对于每一个 x,如果能被 3 整除,就打印输出,否则继续下一个数。

(4) 重复步骤(2)和(3),直到取完所有的数,循环结束。

2. 递归法

递归即一个函数或过程在定义或说明中直接或间接地调用自己本身。递归算法是一种有效的算法设计思想,也是一种有效的分析问题的方法。其求解问题的基本思想是:对于一个较为复杂的问题,把原问题分解成若干个相对简单且类同的子问题,这样,较为复杂的原问题就变成了相对简单的子问题,而简单到一定程度的子问题可以直接求解,这样原问题就可以递推得到解。

数学上一个典型的递归例子是阶乘,阶乘通常定义如下:

$$n! = n(n-1)(n-2)\cdots(1)$$

为了计算 n 的阶乘,可以观察一个特例,计算 6 的阶乘。我们知道 $6! = 6 \times 5 \times 4 \times 3 \times 2 \times 1$,而 $5 \times 4 \times 3 \times 2 \times 1 = 5!$,所以 $6! = 6 \times 5!$,推广来看,$n! = n(n-1)!$。所以,可以给出阶乘的另一种表达形式:

$$n! = \begin{cases} 1 & n=0 \\ n(n-1)! & n>0 \end{cases}$$

这个定义说明 0 的阶乘是 1,其他数字的阶乘为这个数字乘以比这个数小 1 的数字的阶乘。每次递归会计算比当前数小 1 的数的阶乘,直到 0!,而 0! 是已知的,我们称它为阶乘的基例,也就是最小的且不需要计算求得的解。基例非常重要,没有基例,就无法停止递归。这里可以得到递归的如下两个特征。

(1) 存在一个或多个基例,基例是确定的表达式,不需要再次递归。

(2) 所有的递归都要以一个或多个基例结尾。

例 4-5 使用递归法解决斐波那契数列(Fibonacci)问题。

无穷数列 $\{1,1,2,3,5,8,13,21,34,\cdots\}$ 称为斐波那契数列,该数列可以递归地定义为

$$F(n) = \begin{cases} 1 & n=0 \\ 1 & n=1 \\ F(n-1)+F(n-2) & n>1 \end{cases}$$

递归算法的执行过程分递推和回归两个阶段。

(1) 递推阶段。该阶段把较复杂的问题的求解递推到比原问题简单一些的问题,例如将规模为 n 的问题的求解递推到规模为 $n-1$ 的问题的求解。

本例中,求解 $F(n)$,把它递推到求解 $F(n-1)$ 和 $F(n-2)$,而求解 $F(n-1)$ 和 $F(n-2)$,又必须先计算 $F(n-3)$ 和 $F(n-4)$。以此类推,直至计算 $F(1)$ 和 $F(0)$,而 $F(1)$ 和 $F(0)$ 的值是已知的。

(2) 回归阶段。当满足递归条件结束后,逐级返回,依次得到稍复杂问题的解。本例中已知 $F(0)$ 和 $F(1)$,返回得到 $F(1)$ 和 $F(2)$ 的值,……,在得到 $F(n-1)$ 和 $F(n-2)$ 的结果后,返回得到 $F(n)$ 的结果。

3. 分治法

顾名思义,"分治"即分而治之。《孙子兵法》有云,"凡治众如治寡,分数是也",意思就是需要对军队进行合理编制,这样将帅只需要通过管理少数几个人即可实现管理全部队的各个组织,这样,人数众多的军队,就如同管理几个人一样容易,这就是分治。

在算法设计中,人们也引入分而治之的策略,称为分治算法。其设计思想是:将一个难以直接解决的大问题,分割成一些规模较小的相同问题,以便各个击破,分而治之。

分治法解决问题主要包括如下 3 个步骤。

(1) 分解问题。将要解决的问题分解为若干个规模较小、相互独立、与原问题形式相同的子问题。

(2) 问题治理。求解各个子问题,而各子问题和原问题的形式相同,只是规模较小。因此,当子问题划分足够小时,就可以用较为简单的方法去解决。

(3) 问题合并。按照原问题的要求,将子问题的解逐层合并构成原问题的解。

分治法所能解决的问题一般具有以下 4 个特征。

(1) 该问题的规模缩小到一定的程度就可以容易地解决。

（2）该问题可以分解为若干个规模较小的相同问题,即该问题具有最优子结构性质。

（3）利用该问题分解出的子问题的解,可以合并为该问题的解。

（4）该问题所分解出的各个子问题是相互独立的,即子问题之间不包含公共的子子问题。

由于分治法产生的子问题往往是原问题的较小模式,可以反复使用分治手段,使子问题与原问题类型一致而规模不断减小,最终使子问题缩小到很容易直接求解。这自然导致递归过程的产生,所以,使用分治法时,使用递归算法是解决问题的利器。

使用分治法可以求解很多的经典问题,例如二分搜索、合并排序、快速排序和循环赛日程表等。

例 4-6　快速排序问题。

对于具有 n 个数的一个序列 $a_1,a_2,\cdots,a_n$,使用分治法对数列进行快速排序。

问题分析:

（1）分解问题。每次分解待排序的 n 个元素序列 $A[p,\cdots,q]$ 为 $A[p,\cdots,r-1]$,$A[r]$,$A[r+1,\cdots,q]$,使得 $A[p,\cdots,r-1]$ 中的所有元素都小于 $A[r]$,$A[r+1,\cdots,q]$ 中的所有元素都大于 $A[r]$。

（2）问题治理。递归地调用快速排序,对两个子序列 $A[p,\cdots,r-1]$ 和 $A[r+1,\cdots,q]$ 进行快速排序。

快速排序:

（1）Partition（A,p,q）表示划分过程。假设要对一个输入规模为 n 的序列 $A[p,p+1,\cdots,q]$ 进行排序,我们可以选择头部 $A[p]$ 为主元 pivot,把小于 pivot 的元素都交换到它的左边,大于它的都交换到它的右边,然后返回 pivot 的下标 r。

（2）QuickSort（A,p,q）表示快速排序过程。先调用 Partition（A,p,q）进行划分,然后对 pivot 划分出的两个子序列继续快速排序 QuickSort（A,p,r-1）、QuickSort（A,r+1,q）,直到划分的每个子序列都不能再划分。

图 4.8 给出了序列[5,2,4,6,1,3]使用分治法进行快速排序的过程。

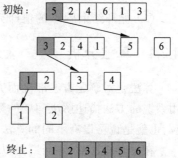

图 4.8　使用分治法进行快速排序

4. 迭代法

迭代法又称为递推法、碾转法,是利用问题本身具有的一种递推关系求解问题的一种方法。其思想是把一个庞大的计算过程转化为简单过程的多次重复,每次重复都在旧值的基础上递推出新值,并由新值代替旧值。该算法充分利用了计算机运算速度快、适合做重复工作的特点,从头开始一步步地推出问题最终的结果。

一个有规律的序列,相邻项之间通常存在一定的关系,可以借助已知的项,利用特定关系推算出它的后继项的值,直到最终所要查找的那一项为止。递推算法的首要问题是得到相邻数据项之间的关系,即递推关系。

递推算法的关键是：确定递推变量及初值、寻找递推公式（作为循环体）以及确定递推次数。

例 4-7 富翁换钱问题。

一富翁遇到一个陌生人，陌生人找他谈一个换钱计划。计划如下：我每天给你十万元，而你第一天只需给我一分钱，第二天我仍给你十万元，你给我二分钱，第三天我仍给你十万元，你给我四分钱……，我每天给你十万元，你每天给我的钱是前一天的 2 倍，直到满一个月（30 天）。富翁很高兴，欣然接受这个契约。请计算这个月中陌生人给富翁多少钱？富翁给陌生人多少钱？

问题分析：

陌生人给富翁的钱：$t=10 \times 30 = 300$（万元）。

求解富翁给陌生人的钱的过程如下。

因为富翁每天拿出的钱是前一天的 2 倍，相邻天拿出的钱数有递推关系；同样相邻天陌生人得到的总钱数之间也有递推关系。假设某天拿出的钱数用变量 a 表示，总钱数用 s 表示，则 a 和 s 都为递推变量，a 的递推公式为 $a=a*2$，s 的递推公式为 $s=s+a$。因为交换天数是 30 天，很显然递推次数是 29。

该算法用自然语言描述如下。

（1）初始化：$a=1$，$s=1$。

（2）从第二天开始循环到第 30 天，每次循环计算：

$$a=a*2$$
$$s=s+a$$

（3）循环结束后，s 的值即为富翁付给陌生人的钱数。

4.2.4　算法分析

算法是对解题方案准确而完整的描述，是一系列解决问题的清晰指令，算法代表着用系统的方法描述解决问题的策略机制。对于同一个问题，可能有不同的解题方法和步骤，也就是说可以有不同的算法，而一个算法的优劣将直接影响解决问题的效率。

在设计算法时，应当遵循以下原则。

（1）正确性。算法应该能够正确地解决求解问题，对于任何正确的输入数据都能够得到正确的结果。

（2）可读性。算法应当具有良好的可读性，易于被他人理解，易于开发人员之间进行交流。

（3）健壮性。算法应当具有健壮性，对于非法的输入数据，能够适当地做出反应或进行处理。

（4）效率与低存储量需求。效率指算法的执行时间，存储量需求指算法执行过程中所需要的最大存储空间。

设计算法时，在保证一定运算效率的前提下，要力求得到最简单的算法。评价一个算法的优劣是一件相当复杂的事情，在保证算法正确性的基础上，通常以执行算法时所消耗的时间多少及所占用的空间大小作为标准，即算法分析主要包括算法的时间效率和

空间效率两个方面,称为时间复杂度和空间复杂度。算法复杂度有最好、最坏、平均几种
情况,通常计算最坏情况下的算法复杂度。算法的复杂度在理论上表示为一个函数,其
定义域是输入数据的长度(通常考虑任意大的输入,没有上界),值域通常是执行步骤数
量(时间复杂度)或者存储器位置数量(空间复杂度)。

1. 算法的时间复杂度

算法的时间复杂度指执行算法所需要的计算工作量。如果问题的规模是 n,解决该
问题的算法中语句执行次数称为语句频度或时间频度,用 $T(n)$ 表示。当 n 变化时,时间
频度 $T(n)$ 也会变化,为了表示变化时呈现的规律,引入时间复杂度的概念。通常用 O 表
示一个算法的时间复杂度,公式为:$T(n)=O(f(n))$。其中 $f(n)$ 表示每行代码执行次
数之和,O 表示正比关系,即当 n 增大时,运行时间最多将以正比于 $f(n)$ 的速度增长。
该公式的全称为"算法的渐进时间复杂度",简称时间复杂度。

常见的时间复杂度量级如表 4.2 所示。

表 4.2　常见的时间复杂度量级

复杂度	说明	案　　例
$O(1)$	常数阶	利用高斯定理计算 $1,2,\cdots,n$ 个数的和
$O(\log N)$	对数阶	二分查找确定排序后数据位置
$O(n)$	线性阶	顺序查找法查找数字在列表中位置
$O(n^2)$	平方阶	2 层循环
$O(n^3)$	立方阶	3 层循环
$O(2^n)$	指数阶	汉诺塔问题

注:表 4.2 中的 log 没有底数,指与底数无关。

例 4-8　时间复杂度为 $T(n)=O(n^2)$ 的情况举例。
Python 程序片段如下。

```
n=int(input())
for i in range(1,n):                #计算频度为 n 次
    for j in range(1,i+1):          #计算频度为 n² 次
        print(i * j)                #计算频度为 n² 次
```

以上算法的时间复杂度为 $T(n)=n+n^2+n^2=O(n^2)$。

2. 算法的空间复杂度

空间复杂度是对一个算法在运行过程中占用存储空间大小的一个量度,同样反映的
是一个趋势,也是问题规模 n 的函数,大 O 表示法中用 $S(n)=O(f(n))$ 表示。

一个算法在计算机存储器上所占用的存储空间,主要包括以下两大部分。

(1) 固定部分。这部分空间包括存储算法本身所占用的存储空间、算法的输入输出
数据所占用的存储空间。这部分存储空间与所处理数据的大小和数量无关。

（2）可变空间。这部分空间为算法在运行过程中临时占用的存储空间。这部分空间随算法的不同而异,有的算法只需要占用少量的临时工作单元,而且不随问题规模的大小而改变,我们称这种算法是"就地"进行的,是节省存储的算法;有的算法需要占用的临时工作单元数与解决问题的规模 n 有关,它随着 n 的增大而增大,当 n 较大时,将占用较多的存储单元,例如快速排序和归并排序算法就属于这种情况。

空间复杂度与时间复杂度的概念相似,计算方法也相似,相比时间复杂度,空间复杂度分析相对简单,实际应用中以讨论时间复杂度为主。

4.3　本章小结

本章首先讲解了计算机与程序的关系、编程语言相关概念、编译和解释的原理以及主要的程序设计方法;然后对算法的相关概念、表示方法、常用算法及算法分析相关内容进行了阐述,为程序设计语言的学习奠定基础。

4.4　习　　题

1. 简述高级程序设计语言的编译和解释过程。
2. 用流程图表示程序设计的 3 种基本结构。
3. 计算 sum＝1＋3＋5＋…＋99,用流程图表示求解算法。
4. 列举递归和分治算法的生活实例。

第5章

chapter 5

Python 语言基础

Python 被以一种简洁易读的方式设计，可以用少量的代码高效率地编写程序。Python 能够在 Windows、MacOS 和 Linux/UNIX 等系统兼容运行，同时支持广泛的应用程序开发，在 Web 开发、游戏制作、嵌入式开发、数据分析和深度学习等方面都得到了广泛应用，成为一大主流计算机语言。

5.1 Python 简介及其开发环境

5.1.1 Python 简介

Python 由荷兰人吉多·范罗苏姆（Guido van Rossum）开发，1991 年第一个版本公开发行，2002 年发布了 2.0 系列，2008 年发布了 3.0 系列版本，2020 年结束对 Python 2.0 版本的支持。

Python 语言具有如下特点。

（1）简单易学。Python 有相对较少的关键字，结构简单，具有明确定义的语法，学习起来更加简单。

（2）免费、开源。Python 是自由/开放源码软件之一，源代码被公开在网络上，任何人都可以无偿使用，同时使用者可以自由地发布这个软件的副本，阅读它的源代码并对它进行修改。

（3）易于阅读。Python 代码具有更清晰的定义形式，具有伪代码的特质，可以让开发者在开发 Python 程序时专注于解决问题，而不是纠结于语言本身。

（4）解释性。编译型语言（如 C、C++）在执行时需要经过编译，生成机器码后才能执行。Python 直接由解释器执行，但是这并不意味着 Python 丢掉了编译，实际上 Python 是字节编译的，可以生成一种近似机器语言的中间形式。因为纯粹的解释型语言通常比编译型语言运行慢，Python 通过这种方式不仅改善了性能，还同时保持了解释型语言的优点。之所以说 Python 是解释型语言，只是其在开发过程中没有显式地调用编译操作，表现出更多解释型的特性，事实上，编译是存在的。

（5）模块自信。Python 的强大体现在"模块自信"上，因为 Python 不仅有很强大的自有模块，还有海量的第三方模块，并且很多开发者还在不断贡献自己开发的新模块。

（6）面向对象。所谓面向对象是指将程序功能模块化，并通过调用这些模块来实现最终的程序功能的思维方式。通过这种方式，各功能模块的独立性得到了保障，从而提高开发效率和模块再利用率，增强程序的可维护性和稳定性。Python 设计之初就已经是一门面向对象语言，可以进行面向对象编程。

5.1.2　Python 环境搭建

本书主要以 Windows 系统为例讲解 Python 环境的搭建和 Python 程序的运行。在环境搭建之前，首先打开命令行终端窗口输入 python，按 Enter 键查看自己的计算机是否具备 Python 运行环境。如果出现类似图 5.1 的界面，可以显示 Python 的版本号，则说明具备 Python 环境，如果没有，则需要进行环境搭建。

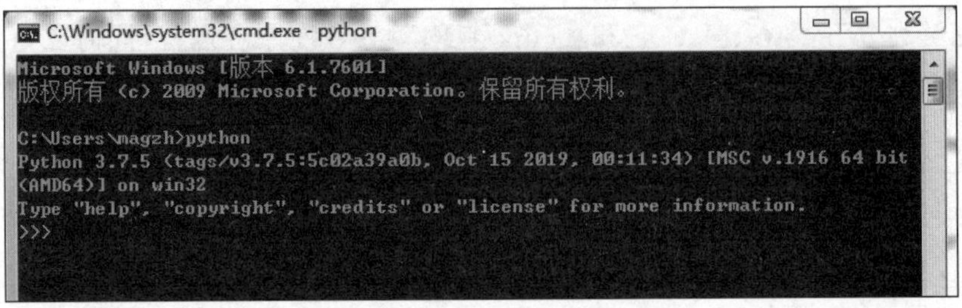

图 5.1　Python 命令行窗口

用 Python 语言进行程序开发，既可选择 Python 自带的集成开发环境（IDLE），也可以选择使用 PyCharm、Notepad++等作为开发环境。本书选择 Python 自带的 IDLE 作为开发环境，所有示例使用 Python 3.7.5 进行程序的开发和演示。

1. Python 解释器安装

计算机执行 Python 程序时，需要将 Python 代码翻译为计算机可识别的机器指令语言，做翻译工作的是 Python 解释器。可以在 Python 官网下载 Python 解释器。

安装 Python 解释器需要如下几个步骤。

（1）Python 下载。打开 Python 官网主页 https：//www.python.org/，根据自己的操作系统版本选择相应的 Python 版本，下载即可。本书以 64 位 Python 3.7.5 版本的可执行安装程序进行安装演示。

（2）在 Windows 平台安装 Python。双击下载包，进入 Python 安装向导，如图 5.2 所示。首先建议选择第二项自定义安装（Customize installation），可以自行设定安装的路径；然后选择最下面的 Add Python 3.7 to PATH 选项。此选项的功能是把 Python 的安装路径添加到系统路径下面，选中这个选项，安装后直接在命令行终端窗口输入 python，按 Enter 键就可直接调用 python.exe，避免安装后还要手动配置 Python 的环境变量。

安装好 Python 后，可以打开命令行终端窗口输入 python，按 Enter 键，查看自己的计算机是否已经具备 Python 运行环境。

图 5.2　Python 安装向导

2. Python 的开发环境

Python 解释器安装包将在系统中安装一组与 Python 开发和运行相关的程序,其中最重要的两个是 Python 命令行和 Python 集成开发环境(IDLE)。

在 IDLE 下运行 Python 程序有两种方式:交互式和文件式。交互式指 Python 解释器即时响应用户输入的每条代码,给出输出结果,这种方式适合单条语法的练习。文件式是指用户将 Python 程序写在一个或多个文件中,然后启动 Python 解释器批量执行文件中的代码,文件式是编程的主要方式。

1) 启动 IDLE

安装 Python 后,可以从"开始"菜单→"所有程序"→Python 3.7→IDLE,来启动 IDLE。

启动 IDLE 后,即可打开 Python Shell 窗口,通过它可以在交互式模式下执行 Python 命令。

2) IDLE 交互式运行方法

在交互式界面可以进行简单的交互式程序的输入和执行,如图 5.3 所示。

说明:>>>是交互式下的提示符,表示可以在它后面输入要执行的语句。本书中示例带有>>>符号的代码是指在 IDLE 的交互式环境下运行的代码,不带此提示符的代码表示是以文件方式运行的。

3) IDLE 文件式运行方法

打开 IDLE,按快捷键 Ctrl+N 打开一个新窗口,或者在菜单中选择 File→New File 命令,打开新窗口。这个窗口可以进行代码编辑,在其中输入 Python 代码,保存为.py 文件,如图 5.4 所示。按快捷键 F5 或者在菜单中选择 Run→Run Module 命令,运行该程序,程序运行结果显示在交互式界面,如图 5.5 所示。

IDLE 是一个简单有效的集成开发环境,无论交互式还是文件式,都有助于快速编写

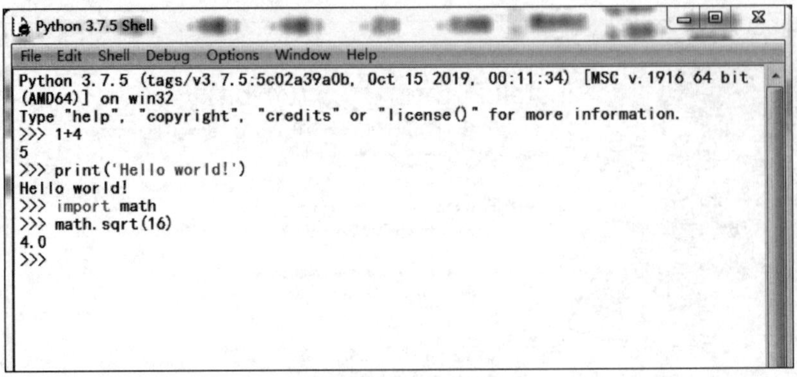

图 5.3　IDLE 交互式界面

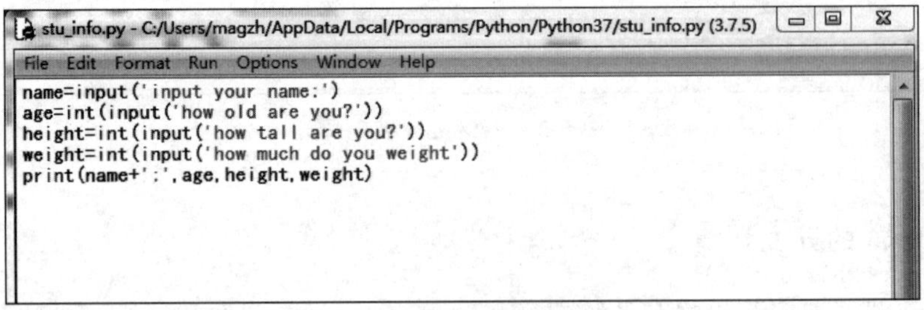

图 5.4　IDLE 文件式界面

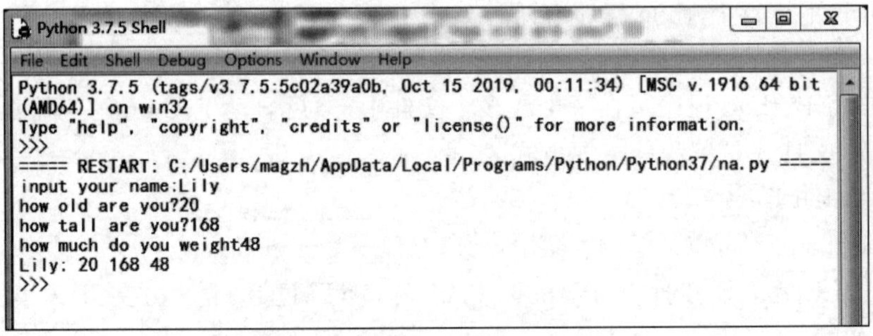

图 5.5　程序运行结果显示界面

和调试代码,是小规模 Python 软件项目的主要编写工具,可以实现语法加亮、段落缩进、基本文本编辑、Tab 键控制和调试程序等基本功能。

5.2　Python 语言基础知识

5.2.1　Python 的程序要素

1. 标识符

在 Python 中会遇到很多名称,如变量名、函数名和模块名等,这些名称从技术上来说都称为标识符。在 Python 中,标识符的构成需要满足如下规则。

(1) 每个标识符必须以字母或下画线("_")开头,后跟字母、汉字、数字或下画线的任意组合。根据该规则,x、age、stu_id、_x3 都是 Python 中合法的标识符,而 3x 因以数字开头,不是合法的标识符。

(2) 标识符区分大小写。对于 Python 来说,stu_id、Stu_id、Stu_ID 是不同的名称。

(3) 自定义的名称不能与 Python 的"保留字"相同。Python 3.x 版本有 33 个保留字,如表 5.1 所示。Python 的保留字与其他标识符一样,也对大小写敏感。例如,def 是保留字,但是 Def 不是,Python 允许将 Def 定义为变量名使用。

表 5.1　**Python 3.x 的保留字列表**

保　留　字			
False	def	if	raise
None	del	import	return
True	elif	in	try
and	else	is	while
as	except	lambda	with
assert	finally	nonlocal	yield
break	for	not	
class	from	or	
continue	global	pass	

在大多数情况下,编程者可以自由选择符合规则的任何名称,但是需要尽量做到选择的名称能够描述被命名的事物。

另外,Python 还有相当多的内置函数,例如我们会经常用到的 print 函数,虽然在技术上可以将这些函数名称标识符用于其他目的,但是一旦将 print 重新定义,它就无法打印信息,也会给其他读到代码的用户带来困扰,所以要尽量避免。

2. 表达式

产生或计算新数据值的程序代码片段称为表达式,它是编程语言中最基本的程序结构。

表达式包含值和操作符,并且总是可以求值。在 Python Shell 中输入表达式时,Shell 会计算表达式并打印出结果。

```
>>>2+2
4
```

没有操作符的单个值也认为是一个表达式,求值的结果就是它自身。

```
>>>2
```

```
2
>>> "hello"
'hello'
```

一个变量也可作为表达式。例如下面语句,首先变量 x 被赋值为 5,然后要求 Python 对表达式 x 求值,作为响应,Python Shell 打印出 x 的值 5。

```
>>>x=5
>>>x
5
```

多个简单的表达式和操作符可以组合成复杂的表达式。对于数字,Python 提供了一组标准的数学运算。表 5.2 列出了 Python 的所有数学操作符。

表 5.2　数学操作符

操 作 符	操 作	例 子	值
**	指数	3**3	27
%	取余	10%3	1
//	整除	10//3	3
/	除法	10/4	2.5
*	乘法	3*3	9
—	减法	5－3	2
+	加法	5+3	8

以下是两个复杂表达式的示例。

```
3.9 * 5+(100-36)/4
((x1-x2)/2 * n)+(y/k**3)
```

3. 给变量赋值

如果要保存一个表达式的值并方便以后引用,可以将其赋值给一个变量。变量的命名规则要符合标识符的命名规则。

创建一个变量很简单,只需要取一个名字,然后给它赋予一个值,赋值时不需要指定变量的数据类型。

变量赋值包括 3 种形式:简单赋值、赋值输入和同时赋值。

1) 简单赋值

简单赋值语句具有以下形式:

```
<variable>=<expr>
```

这里 variable 是一个标识符,也称为变量名,expr 是一个表达式。赋值的语义是:求解右侧表达式的值,然后将该值与左侧命名的变量相关联。

在交互式环境下,赋值语句示例如下。

```
>>>age=20
>>>x=5
>>>x=x+3
>>> name="Lily"
```

给变量第一次赋值可称为对变量初始化,例如上例中 x＝5,即把变量 x 的初始值设置为 5。此后可以在表达式中引用变量的值,如上例中的 x＝x＋3 就是引用了 x 的当前值,计算的结果重新赋值给变量 x。

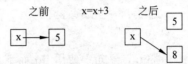

图 5.6　变量 x 赋值展示效果图

Python 中对变量 x 赋值就像把一个便利贴放在值上,并注明"这是 x"。当对变量重新赋值时,变量只需切换到引用新值。图 5.6 给出上面示例中给变量 x 两次赋值的展示效果。

如果一个值不再被任何变量引用,Python 会自动从内存中将其清除,以便腾出空间用于存放其他新值。

2) 赋值输入

输入语句的目的是从用户那里获取一些信息,并存储到变量中。在 Python 中,输入是用一个赋值语句结合一个内置函数 input 实现的。

输入语句的形式取决于你希望从用户那里获取的数据类型,对于文本类型的数据,语句形式如下。

```
<variable>=input(<prompt>)
```

这里的 prompt 是一个字符串表达式,用于提示用户输入,示例如下。

```
>>> name=input("Enter your name:")
Enter your name:Lily
>>> name
'Lily'
```

计算机执行上面的第一条语句时,打印出提示语"Enter your name:",然后解释器暂停,等待用户输入,用户输入字符串'Lily'后,该值被赋给变量 name。

如果用户希望输入的是一个数字,则需要将 input 输入的文本数据通过 eval 或 int、float 函数转换为数字,语句形式如下。

```
<variable>=eval(input(<prompt>))      #去掉外层引号,执行表达式
<variable>=int(input(<prompt>))       #将数字字符串转换为整数
<variable>=float(input(<prompt>))     #将数字字符串转换为浮点数
```

示例如下。

```
>>> input('Enter your age:')
Enter your age:21
```

```
'21'
>>> eval(input('Enter your age:'))
Enter your age:21
21
>>> int(input('Enter your score:'))
Enter your score:89
89
>>> float(input('Enter your score:'))
Enter your score:89.6
89.6
```

在 input 语句中使用 int 而不是 eval,可以确保用户只能输入有效的整数。

3) 同时赋值

Python 中有一个赋值语句的替代形式,允许同时计算几个值。例如:

```
sum, diff=x+y, x-y
```

这种形式称为“同时赋值”。语义上,告诉 Python 首先对右侧的所有表达式求值,然后将这些值赋给左侧相应的变量,这里 sum 得到 x 和 y 的和,diff 得到 x 和 y 的差,上面的语句等价于以下两个语句:

```
sum=x+y
diff=x-y
```

这种形式使得在 Python 中交换两个变量的值变得非常容易,可以通过下面的语句实现:

```
x,y=y,x
```

4. 输出语句

Python 中使用内置函数 print 在屏幕上打印信息。

使用 print 语句打印表达式的值,所有提供的表达式都从左到右求值,然后将结果值以从左到右的方式显示在输出行,示例如下。

```
>>> print(2+3)
5
>>> print(2,3,2+3)
2 3 5
>>> print('2 和 3 的和为',2+3)
2 和 3 的和为 5
>>> x=4
>>> y=5
>>> print(x,y)
4 5
```

Python 中 print()函数默认以换行符结尾,即执行一次 print(),则自动换行。以下代码是通过 for 循环输出列表元素。

```
ls=[1,2,3,4,5]
for i in ls:
    print(i)
```

程序运行结果如下。

```
1
2
3
4
5
```

实际应用中如果有特殊要求,例如希望列表元素在一行输出,Python3 的 print()函数增加了一个 end 参数,可通过该参数调整输出格式。

上面代码可以改写如下。

```
ls=[1,2,3,4,5]
for i in ls:
    print(i,end=' ')
```

end=' '表示 print 语句结束时以空格结尾,这段代码的执行结果如下。

```
1 2 3 4 5
```

关于输出语句的其他用法,例如格式化输出,会在后续的学习中逐步学到。

5. 缩进

Python 与其他编程语言最大的不同是用缩进来区分代码块,缩进的空格数量不限,但是同一代码块缩进必须一致,一般缩进以一个 Tab 键为准。

Python 的分支结构中程序缩进示例如下。

```
if True:
    print('True')                    #缩进
else:
    print('False')                   #缩进
```

6. 注释

注释起到解释或说明的作用,一般写在程序的开头或语句的后面,在程序运行时,Python 会忽略注释。

Python 中单行注释以#开头,后面的文字直到行尾都是注释,示例如下。

```
print("Hello world1!")               #这是注释
```

多行注释可以使用多个#号,也可用 3 个单引号或 3 个双引号,示例如下。

```
#这是注释
```

```
#print('Hello world1!')
#print('Hello world2!')
print('Hello world3!')
'''
print('Hello world4!')
print('Hello world5!')
print('Hello world6!')
'''
```

上面多行注释示例代码运行的结果如下。

```
Hello world3!
```

前面的 2 个和后面的 3 个 print 语句因为被注释，所以跳过不执行。

5.2.2 Python 的数据类型

表达式是值和操作符的组合，每个表达式都可以通过求值得到某个值，而每个值都属于一种数据类型。Python 中通过对变量赋值访问不同数据类型的对象。

Python 中基本的数据类型有数字类型、字符串类型、列表、元组、字典和集合等，可以使用 type()函数查看变量和常量的数据类型，示例如下。

```
>>>a=25
>>>print(type(a))
<class 'int'>
>>> b,c,d=2.5,'HELLO',True
>>> print(type(b),type(c),type(d))
<class 'float'><class 'str'><class 'bool'>
```

其中，<class 'int'>表示数据是整数类型，<class 'float'><class 'str'><class 'bool'>分别是浮点数、字符串和布尔类型。

1. 数字类型

表示数字或数值的数据为数字类型，Python 中提供 3 种数字类型：整数（int）、浮点数（float）和复数（complex），分别对应数学中的整数、实数和复数。

1）整数类型

整数类型与数学中的整数一致，共有 4 种进制表示：十进制、二进制、八进制和十六进制，默认情况下采用十进制。整数类型的 4 种进制如表 5.3 所示。

表 5.3　整数类型的 4 种进制

进　　制	引 导 符 号	示　　　例
十进制	无	由字符 0～9 组成，如 1010,79
二进制	0b 或 0B	由字符 0～1 组成，如 0b1010,0B101

续表

进　制	引 导 符 号	示　例
八进制	0o 或 0O	由字符 0~7 组成,如 0o713,0O727
十六进制	0x 或 0X	由字符 0~9、a~f、A~F 组成,如 0x3AB

2) 浮点数类型

浮点数与数学中实数的概念一致,表示带有小数的数值。Python 要求所有浮点数必须带有小数部分。浮点数有两种表示方法:十进制表示和科学记数法表示。科学记数法使用字母 e 或 E 作为幂的符号,以 10 为基数,形式如下:

$<a>e<b>=a * 10^b$

浮点数示例:

```
1.0,2.5,-3.83,96e4,4.2e-3
```

上面的 4.2e-3 表示 4.2×10^{-3},值为 0.0042。

浮点数和整数在计算机内部的存储方式不同,整数是精确的,浮点数运算时可能会存在误差。由于 Python 语言能够支持无限制且准确的整数运算,所以如果希望获得精度更高的计算结果,往往采用整数而不直接采用浮点数。

3) 复数类型

复数类型对应数学中的复数。复数由实数部分和虚数部分构成,可用 a+bj 或者 complex(a,b)表示,复数的实部 a 和虚部 b 都可以是浮点型。

复数示例如下。

```
>>> a=1+3j
>>> type(a)
<class 'complex'>
>>> complex(1,3)
(1+3j)
```

Python 解释器提供了一些内置函数,其中一些内置数值运算函数如表 5.4 所示,x 代表任意数字类型变量。

表 5.4　内置数值运算函数

函　　数	描　　述	示　　例	返回结果
abs(x)	返回 x 的绝对值,x 是整数返回其绝对值,若是复数则返回复数的模	>>>abs(-4)	4
		>>>abs(3+4j)	5.0
round(x[,n])	返回 x 的四舍五入值,若给出 n 值,则代表舍入小数点后的位数	>>> round(3.14)	3
		>>>round(3.14,1)	3.1
pow(x,y[,z])	返回以 x 为底,以 y 为指数的幂,如果 z 存在,则对 z 取余	>>>pow(3,4)	81
		>>> pow(3,4,4)	1

续表

函　　数	描　　述	示　　例	返回结果
divmod(x,y)	分别取商和余数	>>>divmod(10,3)	(3,1)
max(x1,x2,…,xn)	返回 x1,x2,…,xn 的最大值	>>> max(1,2,3,4)	4
min(x1,x2,…,xn)	返回 x1,x2,…,xn 的最小值	>>> min(1,2,3,4)	1

2. 布尔类型

Python 的布尔数据类型,简称布尔类型(bool),是整数类型(int)的子类。布尔类型提供了两个布尔值来表示真(True)或假(False)。True 和 False 是 Python 的关键字,使用时一定注意首字母要大写,否则解释器会报错,示例如下。

```
>>> print(type(True))
<class 'bool'>
>>> print(type(False))
<class 'bool'>
>>> print(type(true))
Traceback (most recent call last):
  File "<pyshell#45>", line 1, in <module>
    print(type(true))
NameError: name 'ture' is not defined
```

Python 中,任何对象都可以进行真假值的判断,结果只有 True 或 False 两种情况,示例如下。

```
>>>print(4>3)
True
>>>print(2>5)
False
```

布尔类型的布尔值可以当作整数对待,即 True 相当于整数值 1,False 相当于整数值 0,示例如下。

```
>>>print(True+2)
3
>>>print(False+2)
2
```

但是在实际的开发中不建议将布尔值当作整数用。

3. 字符串类型

Python 中用字符串数据类型来处理文本数据。字符串是字符的序列表示,例如 "abc"、'20200305'、"hello"都是字符串。形式上来看,以双引号(")或单引号(')括起来的任意文本都称为字符串,其中单引号和双引号本身只是一种表示方式,不是字符串的一部分。因此字符串"abc"只有 a、b、c 这 3 个字符。字符串中的一个英文和中文字符都算作一个字符。

(1) 访问字符串。字符串有两种序号体系:正向递增序号和反向递减序号。如果字符串长度为 L,正向递增序号从 0 开始到 L−1 结束,反向递减从−1 开始到−L 结束。字符串提供了单个字符访问和区间访问两种形式,区间访问又称为"切片",示例如下。

```
>>> name="I love Python!"
>>> name[0]
'I'
>>> print(name[3],name[5],name[7])
o e P
>>> print(name[0:5])
I lov
>>> print(name[-3])
o
>>> name[-6:-3]
'yth'
```

Python 中可以截取一部分字符串与其他字符串拼接。

```
>>> str = "Hello world"
>>> print(str[:6] + "Robot")
Hello Robot
```

(2) 字符串中转义字符。反斜杠字符(\)是一个特殊的字符,在字符串中表示转义,即该字符与后面相邻的一个字符共同组成了新的含义。例如\n 表示换行,\\表示反斜杠,\'表示单引号,\"表示双引号等。例如:

```
>>> print("Python 语言程序\n 设计")
Python 语言程序
设计
```

(3) 字符串格式化。字符串是程序向控制台、网络、文件等介质输出运算结果的主要形式之一,字符串的格式化可以提供更好的可读性和灵活性。

如果屏幕打印:我是 Lily,我喜欢 Python,可以直接用 print()函数打印输出,示例如下。

```
>>> print('我是 Lily,我喜欢 Python')
我是 Lily,我喜欢 Python
```

此处 Lily 代表人名,Python 代表一门编程语言,如果人名和编程语言是可变的,则可将其定义为变量,使用如下语句实现上面语句的打印:

```
>>> name='Lily'
>>> lan='Python'
```

```
>>> print('我是',name,'我喜欢',lan)
我是 Lily 我喜欢 Python
```

字符串的格式化还有另外两种：占位符(%)和 format 方式。占位符方式在 Python 2.x 中使用比较广泛，Python 3.x 中 format 方式使用更加广泛。

占位符方式最基本的用法是将一个值插入一个有字符串格式符(%s)的字符串中，用占位符方法实现如上打印功能，示例如下。

```
>>> name='Lily'
>>> lan='Python'
>>> print('我是%s,我喜欢%s'%(name,lan))
我是 Lily,我喜欢 Python
```

字符串格式化 format()的基本使用格式如下。

```
<模板字符串>.format(<逗号分隔的参数>)
```

模板字符串由一系列槽组成，用来控制修改字符串中嵌入值出现的位置，基本思想是将 format()中逗号分隔的参数按照序号关系替换到模板字符串的槽中，槽用花括号{}表示，如果{}中没有序号，则按照出现顺序替换，示例如下。

```
>>> name='Lily'
>>> lan='Python'
>>> print("我是{},我喜欢{}".format(name,lan))
我是 Lily,我喜欢 Python
>>> print("我是{1},我喜欢{0}".format(lan,name))
我是 Lily,我喜欢 Python
```

4. 列表

列表是 Python 中使用最频繁的数据类型，其元素可以是数字、字符和字符串，也可以是列表(即列表的嵌套)。列表是可变的，可以添加或删除列表元素，也可直接修改列表元素。

以下列出列表的基本操作。

(1) 创建列表。列表格式为 listname=$[e_1,e_2,\cdots,e_n]$，其中，listname 为列表名，$e_i(1{\leqslant}i{\leqslant}n)$为列表元素。列表的如下定义都是合法的。

```
ls=[]                          #定义空列表
ls1=[78,65,'Lily',90]          #定义具有 4 个元素的列表
```

也可使用 list()将字符串转换为列表：

```
>>> list('avbg')
['a', 'v', 'b', 'g']
```

(2) 访问列表。访问列表元素类似于字符串访问，可以按照正向递增序号和反向递减序号两种序号体系，使用下标索引访问列表中的值或进行区间访问。示例如下。

```
>>> ls=[78,65,'Lily',90]
>>> print(ls[0],ls[3],ls[-3])
78 90 65
>>> ls[2:]
['Lily', 90]
>>> ls[1:3]
[65, 'Lily']
```

（3）修改或添加列表元素。可以直接修改列表元素，示例如下。

```
>>> ls=[1,2,3,4,5]
>>> ls[2]='a'
>>>print(ls)
[1, 2, 'a', 4, 5]
```

使用 ls.append(x)方法在列表 ls 中添加单个元素 x，示例如下。

```
>>> ls=[1,2,3,4,5]
>>> ls.append('a')
>>> print(ls)
[1, 2, 3, 4, 5, 'a']
```

使用 ls.extend(lt)方法将列表 lt 的元素添加到列表 ls 中，示例如下。

```
>>> ls=[1,2,3,4,5]
>>> lt=['a','b']
>>> ls.extend(lt)
>>>print(ls)
[1, 2, 3, 4, 5, 'a', 'b']
```

使用 ls.insert(i,x)方法在列表 ls 的指定位置 i 插入元素 x，示例如下。

```
>>> ls=[1,2,3,4,5]
>>> ls.insert(2,'a')
>>>print( ls)
[1, 2, 'a', 3, 4, 5]
```

（4）删除元素。使用 del 语句删除列表元素，示例如下。

```
>>> ls=[1,2,3,4,5]
>>> del ls[2]
>>> ls
[1, 2, 4, 5]
```

使用 ls.pop(i)将列表 ls 中第 i 项元素取出并删除，示例如下。

```
>>> ls=[1,2,3,4,5]
>>> ls.pop(2)
3
```

```
>>> print(ls)
[1, 2, 4, 5]
```

（5）求列表长度。可使用 len()函数求列表长度（列表中元素个数），示例如下。

```
>>> ls=[1,2,3,4,5]
>>> print(len(ls))
5
```

（6）判断元素是否属于列表。使用 in 操作符判断元素是否在列表中，示例如下。

```
>>> ls=[1,2,3,4,5]
>>> 4 in ls
True
>>> 'a' in ls
False
```

（7）遍历列表。使用 for…in 语句遍历列表，示例如下。

```
ls=[1,2,3,4,5]
s=0
for i in ls:
    print(i)
```

（8）列表排序。可使用 ls.sort()方法将列表元素排序，示例如下。

```
>>> ls=[3,2,5,1,6]
>>> ls.sort()
>>> ls
[1, 2, 3, 5, 6]
```

（9）列表元素位置反转。使用 reverse()方法可以将列表元素位置反转，示例如下。

```
>>> ls=[1,2,3,4,5]
>>> ls.reverse()
>>> ls
[5, 4, 3, 2, 1]
```

5. 元组

元组可以看作是不可变的列表，具有列表的大多数特点。元组常用圆括号来表示，示例如下。

```
>>> tp=(1,2,3)
>>> type(tp)
<class 'tuple'>
```

元组与列表最大的区别是不能添加或删除元组成员，其他如求元组长度、判断元素是否属于元组、遍历元组、通过索引访问元组元素等操作，与列表类似，示例如下。

```
>>> tp=(1,2,3,4,5)
>>> print(len(tp))
5
>>> 2 in tp
True
>>> 8 in tp
False
```

6. 字典

字典是一种无序的映射集合,包含一系列"键-值"对,"键-值"对之间用逗号隔开,整个字典包括在{}中,例如:

```
dic={'Lily':89,'Joe':90,'Amily':78}
```

1) 字典的主要特点

(1) 字典的键通常采用字符串,也可以是数字、元组等不可变类型的数据。

(2) 字典的值可以是任意类型。

(3) 字典是无序的,通过键来索引映射的值,而不是通过位置来索引。

(4) 字典长度可变,可以添加或删除"键-值"对。

2) 字典的常见操作

(1) 创建字典。通过花括号创建字典,示例如下。

```
>>> dic={'Lily':90,'Amily':89,'Joe':67}
>>> dic
{'Lily': 90, 'Amily': 89, 'Joe': 67}
```

通过函数 dict(),采用赋值的方式创建字典,示例如下。

```
>>> dic1=dict(x=1,y=2)
>>> dic1
{'x': 1, 'y': 2}
```

(2) 求字典长度。通过 len()函数求字典中"键-值"对的个数,示例如下。

```
>>>dic={'Lily':90,'Amily':89,'Joe':67}
>>> print(len(dic))
3
```

(3) 判断某个键是否在字典中。使用 in 操作判断某个键是否在字典中,示例如下。

```
>>> dic={'Lily':90,'Amily':89,'Joe':67}
>>> 'Lily' in dic
True
```

(4) 添加"键-值"对。使用 update()方法向字典添加"键-值"对,示例如下。

```
>>> dic={'name':'Lily','age':20}
```

```
>>> dic.update({'score':89})
>>> dic
{'name': 'Lily', 'age': 20, 'score': 89}
```

（5）删除字典对象。通过 clear()方法删除字典中的所有对象,示例如下。

```
>>> dic={'name': 'Lily', 'age': 20, 'score': 89}
>>> dic.clear()
>>> dic
{}
```

通过 pop()方法删除指定键所对应的值,返回这个值并从字典中把它删除,示例如下。

```
>>> dic={'name': 'Lily', 'age': 20, 'score': 89}
>>> dic.pop('name')
'Lily'
>>> dic
{'age': 20, 'score': 89}
```

7. 集合

集合类型与数学中集合的概念一致,元素不可重复。集合中的元素没有顺序的概念,所以不能通过索引访问集合元素。

集合的常用操作如下。

（1）创建集合。使用花括号{}创建集合,示例如下。

```
>>>s={1,2,3}
>>>s2={"hello",3.14,True,(2019,02,17)}
```

使用 set()创建空集合,例如:

```
>>>s=set()
```

注意：s＝{}是创建空字典。

使用 set(可迭代对象) 可将可迭代对象转换为集合,这里可迭代对象包括列表、字符串、元组和字典等,通过这种方式可实现这些对象的元素去重,示例如下。

```
>>>s=set('hello')              #将字符串转换为集合
>>>print(s)
{'o', 'h', 'e', 'l'}
>>>s1=set([1,2,3,4,5,3,2])     #将列表转换为集合
>>>print(s1)
{ 1, 2, 3, 4, 5}
>>>s2=set((1,5,2,3,4,5,6,3,5)) #将元组转换为集合
>>>print(s2)
{1, 2, 3, 4, 5, 6}
```

```
>>>s3=set({'a':1,'b':3,'f':5})          #将字典的键转换为集合
>>>print(s3)
{'b', 'a', 'f'}
```

（2）求集合长度。使用 len()函数来获取集合长度，示例如下。

```
>>> s={1,2,3,7}
>>> len(s)
4
```

（3）添加集合元素。使用 add()方法添加集合元素，将传入的元素作为一个整体添加到集合中，示例如下。

```
>>> s=set('hello')
>>> s.add('Python')
>>> s
{'h', 'l', 'o', 'Python', 'e'}
```

使用 update()方法添加集合元素，将传入的元素拆分，作为个体传入到集合中，示例如下。

```
>>> s=set('hello')
>>> s.update('Python')
>>> s
{'h', 'l', 'o', 'y', 'e', 't', 'n', 'P'}
```

（4）删除集合元素。使用 remove()方法可以删除指定集合元素，示例如下。

```
>>> s=set('hello')
>>> s.remove('o')
>>> s
{'h', 'e', 'l'}
```

（5）元素是否属于集合。使用 in 操作符判断元素是否在集合中，示例如下。

```
>>> s=set('hello')
>>> 'l' in s
True
>>> 2 in s
False
```

（6）遍历集合元素。使用 for…in 语句遍历集合中的元素，与遍历列表类似。

（7）集合的交集、并集、差集及对称差集。

a＝t|s，表示集合 t 和 s 的并集。

b＝t&s，表示集合 t 和 s 的交集。

c＝t-s，表示集合 t 和 s 的差集。

d＝t^s，表示集合 t 和 s 的对称差集（在 s 或 t 中，但不同时出现在二者中）。

示例如下。

```
>>> t=set([1,2,3])
>>>s=set([1,2,4,5,6])
>>> print(t|s)
{1, 2, 3, 4, 5, 6 }
>>> print(t&s)
{1,2}
>>> print(t-s)
{3}
>>> print(t^s)
{ 3, 4, 5, 6 }
```

5.2.3 Python 运算符

针对不同的数据类型,Python 支持以下类型的运算符: 算术运算符、赋值运算符、字符串运算符、比较运算符、逻辑运算符、成员运算符和身份运算符等。

5.2.1 节已经介绍过算术运算符,下面介绍其他几种运算符。

1. 赋值运算符

赋值运算符用来把右侧的值传递给左侧的变量(或者常量);可以直接将右侧的值赋给左侧的变量,也可以进行某些运算后再赋给左侧的变量,例如加减乘除、函数调用、逻辑运算等。Python 中最基本的赋值运算符是"=",结合其他运算符,"="还能扩展出更强大的运算符。表 5.5 为 Python 支持的赋值运算符示例。

表 5.5　赋值运算符示例

运　算　符	描　　述	示　　例
=	简单赋值运算符	a=b+c
+=	加法赋值运算符	a+=b 类同 a=a+b
-=	减法赋值运算符	a-=b 类同 a=a-b
*=	乘法赋值运算符	a*=b 类同 a=a*b
/=	除法赋值运算符	a/=b 类同 a=a/b
%=	取模赋值运算符	a%=b 类同 a=a%b
**=	幂赋值运算符	a**=b 类同 a=a**b
//=	整除赋值运算符	a//=b 类同 a=a//b

2. 比较运算符

比较运算符也称为关系运算符,用于对常量、变量或表达式的结果进行大小比较。如果这种比较是成立的,则返回 True(真),否则返回 False(假)。表 5.6 为 Python 支持的比较运算符示例,假设变量 a=10,b=11。

表 5.6　比较运算符示例

运　算　符	描　　述	示　　例	返　回　结　果
==	等于	>>>a==b	False
!=	不等于	>>> a!=b	True
>	大于	>>>a>b	False
<	小于	>>>a<b	True
>=	大于或等于	>>>a>=b	False
<=	小于或等于	>>>a<=b	True

3. 逻辑运算符

Python 中逻辑运算与数学中逻辑运算一致,对于 a 和 b 两个表达式,二者都为真时,逻辑与(and)的结果为真,否则为假;二者至少一个为真时,逻辑或(or)运算结果为真;二者都为假时,逻辑或运算结果为假;逻辑非(not)相当于取反。假设表达式 a、b 的值为真(True),c、d 的值为假(False),表 5.7 为 Python 的逻辑运算符示例。

表 5.7　逻辑运算符示例

运　算　符	描　　述	示　　例	返　回　结　果
and	逻辑与运算	>>>a and b	True
		>>> a and c	False
		>>>c and d	False
or	逻辑或运算	>>> a or b	True
		>>>a or c	True
		>>>c or d	False
not	逻辑非运算	>>>nor a	False
		>>>not c	True

逻辑运算符一般和关系运算结合使用,例如:

```
>>> 14>6 and 45>90
False
```

14>6 的结果为 True,45>90 的结果为 False,所以 14>6 and 45>90 的结果为 False。

4. 位运算符

Python 位运算符按照数据在内存中的二进制位进行操作,一般只能用来操作整数类型数据,用于底层开发,在应用层开发中不常见。表 5.8 为 Python 支持的位运算符示例,假设变量 a＝60,b＝13,对应的二进制数分别为 00111100 和 00001101。

表 5.8　位运算符示例

运算符	描　述	示　例	返回结果
&	按位与运算符：参与运算的两个值,如果两个相应的位都为 1,则结果为 1,否则为 0	>>>a&b	12,对应二进制数 00001100
|	按位或运算符：如果两个相应的位有一个为 1,则结果为 1	>>>a|b	61,对应二进制数 00111101
^	按位异或运算符：两个对应的二进制位相异时,结果为 1	>>>a^b	49,对应二进制数 00110001
~	按位取反运算符：对数据的每个二进制位取反	>>>~a	−61,对应二进制数 11000011
<<	左移动运算符：运算符左边的各二进制位全部左移若干位,右边的数字指移动的位数,高位丢弃,低位补 0	>>>a<<2	240,对应的二进制数 11110000
>>	右移动运算符：运算符左边的各二进制位全部右移若干位,右边的数字指移动的位数,	>>>a>>2	15,对应二进制数 00001111

5. 成员运算符

Python 支持成员运算符,这里的成员包括字符串、列表和元组等。表 5.9 为成员运算符示例。

表 5.9　成员运算符示例

运算符	描　述	示　例	返回结果
in	如果在指定的序列中找到值,则返回 True,否则返回 False	>>>ls＝[1,2,3,5,7] >>> 2 in ls >>>10 in ls	True False
not in	如果在指定的序列中没有找到值,则返回 True,否则返回 False	>>>ls＝[1,2,3,5,7] >>>10 not in ls >>>1 not in ls	True False

6. 运算符的优先级

以上列出的运算符在程序表达式中出现多个时,会有优先级之分,即先执行什么操作后执行什么操作。表 5.10 列出了运算符从高到低的优先级。

表 5.10　运算符从高到低的优先级

运　算　符	描　述
**	指数（最高优先级）
~	按位取反
*　/　%　//	算术运算符：乘、除、取余、整除

续表

运 算 符	描 述
+ −	算术运算符：加、减
>> <<	右移、左移运算符
&	按位与运算符
| ^	按位或、异或运算符
<= <> >=	比较运算符
== !=	等于和不等于运算符
= %= /= += //= −= *= **=	赋值运算符
in not in	成员运算符
not and or	逻辑运算符

5.2.4 Python 流程控制

与其他编程语言一样，Python 程序也有 3 种结构：顺序结构、选择结构和循环结构。

1. 顺序结构

顺序结构是流程控制中最简单的一种结构，该结构的特点是按照语句的先后顺序依次执行，每条语句执行一次且只能执行一次。

例 5-1 顺序结构程序示例。

```
name='Da Ming'
score=90
print(name,score)
```

程序运行结果如下。

```
Da Ming 90
```

2. 选择结构

在实际应用中，经常需要通过某个判断来决定任务是否执行或者执行的方式，这样的情况，仅用顺序结构无法完成，需要使用选择结构。由本书 4.1.4 节可知，选择结构也称为分支结构。Python 的分支结构有简单分支、二分支和多分支 3 种情况，分别对应 if 语句、if…else 语句和 if…elif…else 语句。

1）if 语句

if 语句是最常见的控制流语句，if 语句包含以下部分。

（1）if 关键字。

（2）条件（即求值为 True 或 False 的表达式）。

（3）冒号。

（4）换行、缩进的代码块（称为 if 子句或 if 代码块）。

if 语句语法格式如下。

```
if  <条件表达式>:
    <if代码块>
```

if 语句中,当条件表达式为真时,执行后面的<if 代码块>,否则执行与 if 语句对齐的下一条语句。

例 5-2　if 语句示例,输入学生的分数,输出评定结果。

```
score=eval(input('score:'))
if score>=60:
    print('及格了!')
```

程序运行结果如下。

```
score:89
及格了!
```

2）if…else 语句

在实际应用中,完成一个任务可能需要考虑两种情况,反映到程序中就有两个分支,这时候 if 语句后面需要跟着 else 语句。

if…else 语句语法格式如下。

```
if  <条件表达式>:
    <if代码块>
else:
    <else代码块>
```

if…else 语句中,当 if 语句的表达式为真时,执行<if 代码块>,否则执行<else 代码块>。

例 5-3　if…else 语句示例,输入学生的分数,输出评定结果。

```
score=int(input('score:'))
if  score>=60:
    print('及格了!')
else:
    print('不及格,下次努力!')
```

程序运行结果 1 如下。

```
score:89
及格了!
```

程序运行结果 2 如下。

```
score:56
```

不及格,下次努力!

3) if…elif…else 语句

适用于多种分支的情况,语法格式如下。

```
if   <条件表达式 1>:
    <代码块 1>
elif  <条件表达式 2>:
    <代码块 2>
 :
elif <条件表达式 n>:
    <代码块 n>
else:
    <else 代码块>
```

if…elif…else 语句中,首先判断条件表达式 1,如果为假,则判断条件 2,以此类推。如果找到一个为真的条件,就会执行相应的代码块,如果条件表达式都不为真,则执行<else 代码块>。

例 5-4　if…elif…else 语句示例。输入学生的分数,输出评定结果。

```
score=int(input('score:'))
if score>=90:
    print('优')
elif  score>=80:
    print('良')
elif  score>=70:
    print('中')
elif  score>=60:
    print('及格')
else:
    print('不及格')
```

程序运行结果 1 如下。

```
score:97
优
```

程序运行结果 2 如下。

```
score:87
良
```

程序运行结果 3 如下。

```
score:77
中
```

程序运行结果 4 如下。

```
score:63
及格
```

程序运行结果 5 如下。

```
score:47
不及格
```

3. 循环结构

顺序结构、选择结构在程序执行时，每个语句只能执行一次，循环结构可以使计算机在一定条件下反复多次执行同一段程序。

Python 支持的循环语句有 for 循环和 while 循环两种。for 循环用来遍历序列对象内的元素，并对每个元素运行循环体；while 循环提供了条件循环的方法。

1) for 循环

for 循环的语法格式如下。

```
for  <迭代变量>  in <可迭代对象>:
    <循环体>
```

可迭代对象可以是字符串、列表、元组、字典和集合等可以遍历的任何序列。程序执行时，每次从<可迭代对象>中取一个值给<迭代变量>，然后执行循环体。

例 5-5　for 循环示例，求一组数 12,34,56,1,7 的和。

```
ls=[12,34,56,1,7]
s=0
for i in ls:
    s+=i
print(s)
```

程序运行结果如下。

```
110
```

Python 3.x 中 range()函数生成一个可迭代对象，range()函数语法格式如下。

```
range([start,]stop[,step])
```

参数说明。

start：计数从 start 开始，若没有这个参数，默认为 0。

stop：计数到 stop 结束，不包括 stop 本身。

step：步长，若没有这个参数，默认为 1。

示例如下。

```
>>> range(5)
range(0, 5)
>>> list(range(5))
```

```
[0, 1, 2, 3, 4]
>>> list(range(0,5))
[0, 1, 2, 3, 4]
>>> list(range(0,5,1))
[0, 1, 2, 3, 4]
>>> list(range(0,5,2))
[0, 2, 4]
```

其中,range(0,5)和 range(0,5,1)都等价于 range(5)。

例 5-6　for 循环中使用 range()函数示例。求 $1+2+3+\cdots+n$ 的和。

```
n=int(input('Enter n:'))
s=0
for i in range(1,n+1):
    s+=i
print(s)
```

程序运行结果如下。

```
Enter n:10
55
```

2) while 循环

使用循环结构时,如果已知重复的条件,适宜选择 while 循环。

while 循环的语法格式如下。

```
while  <循环条件>:
    <循环体>
```

当<循环条件>为 True 时,执行<循环体>中的语句,执行完后检查<循环条件>是否为 True,如果为 True 再次进入循环体执行相关语句,否则结束循环,执行与 while 对齐的下面的语句。

例 5-7　while 循环示例,求 $1+2+3+\cdots+n$ 的和。

```
n=int(input('Enter n:'))
s=0
i=1
while i<=n:
    s+=i
    i=i+1
print(s)
```

程序运行结果如下。

```
Enter n:10
55
```

3) 循环控制语句

在执行 for 循环或 while 循环时,只要满足循环条件,程序就会一直执行循环体,但是在实际应用中,有时候可能需要强制结束循环。Python 提供了 continue 和 break 两种强制离开当前循环体的语句。

continue 语句：遇到 continue 语句,跳过执行循环体中本次循环剩余的代码,直接执行下一次循环。

break 语句：遇到 break 语句,完全终止当前循环,跳出循环体。

例 5-8 continue 语句示例,打印输出 1~100 的所有 13 的倍数。

```
for i in range(1,101):
    if i%13!=0:
        continue            #若条件 i%13!=0 成立,则停止执行本次循环,继续取下一个数
    print(i)
```

程序运行结果如下。

```
13
26
39
52
65
78
91
```

例 5-9 break 语句示例,机器人按键小程序。

```
while(True):
    print('请输入数字 1、2 或 0 选择相应功能,1—扫地,2—做饭,0—退出:')
    var1 = input()          #接受用户的输入值
    button=int(var1)
    if button ==1 :
        print("扫地")
    elif button ==2:
        print('做饭')
    elif button ==0:
        break               #若输入 0,则退出 while 循环
```

程序运行结果如下。

```
请输入数字 1、2 或 0 选择相应功能,1—扫地,2—做饭,0—退出:
1
扫地
请输入数字 1、2 或 0 选择相应功能,1—扫地,2—做饭,0—退出:
2
做饭
请输入数字 1、2 或 0 选择相应功能,1—扫地,2—做饭,0—退出:
0
```

5.2.5 函数与模块

函数是一段具有特定功能的、可重用的语句块,用函数名来表示并通过函数名调用。函数可以提高应用的模块性和代码的重复利用率。Python 提供了许多系统函数,例如前面用到的 print()函数、input()函数等。用户也可以自己创建函数,称为用户自定义函数。

Python 的模块是一个 Python 文件,以.py 结尾,包含了 Python 的对象定义和Python 语句。

1. 函数

1) 函数的定义

定义一个函数的一般格式如下。

```
def 函数名([形式参数列表]):
    <函数体>
    [return  <表达式>]
```

说明如下。

(1) def: def 是函数定义关键字。

(2) 函数名: 遵循标识符命名规则。

(3) 形式参数列表: 是用逗号分隔开的多个参数,也可以省略,形式参数简称“形参”。

(4) return <表达式>: 表示退出函数时的返回值,可以省略,此语句一旦执行表示函数运行结束,程序流程返回到调用此函数的程序段。

例 5-10 用函数实现求区间[i,j]内所有偶数的和。

```
def sum_even(i,j):
    s=0
    for x in range(i,j+1):
        if x%2==0:
            s+=x                #若 i 是偶数,则 s=s+i
    return s                    #返回 s 的值
sum_e=sum_even(1,100)           #调用函数,将返回值赋值给变量 sum_e
print(sum_e)
```

程序运行结果如下。

```
2550
```

2) 函数调用

函数调用的一般格式如下。

```
<函数名>(<实际参数列表>)
```

<实际参数列表>给出要传入函数内部的参数,这类参数称为实际参数,简称“实参”。

函数调用步骤如下。

（1）在程序调用处暂停执行。

（2）在调用时将实际参数赋值给函数的形参。

（3）执行函数体语句。

（4）函数调用结束，若有返回值，则可以通过一个变量接收该值，也可以直接打印输出，程序返回到调用前暂停处继续执行。

例 5-11 函数调用分析如下。

第 1～第 6 行是函数定义，该函数只有在被调用时才执行，因此前 6 行代码不会直接执行。程序最先执行的代码是第 7 行的 sum_e=sum_even(1,100)，当程序执行到这一句时，由于调用了 sum_even()函数，当前的执行暂停，程序开始执行第 1 行语句，实参 1 和 100 代替了形参中的 i 和 j，进入函数体继续执行。当函数体执行完，重新回到第 7 行，将函数返回值赋值给变量 sum_e，继续往下执行。图 5.7 为函数调用与返回过程实例演示。

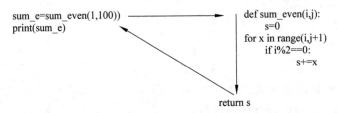

图 5.7 函数调用与返回过程实例演示

3）参数传递

函数调用时，传递的参数有两种类型：可更改对象和不可更改对象。在 Python 中，数字、字符串、元组类型的对象是不可更改对象，而列表和字典是可更改对象。

Python 中函数参数的传递，针对不可变对象和可变对象，类似于 C++ 的值传递和引用传递。

函数传递的参数是整数、字符串、元组等不可变对象时，被调函数对形式参数的任何操作不会影响主调函数的实参变量的值。

函数传递的参数是列表、字典等可变对象时，被调函数对形参做的任何操作都影响主调函数中的实参变量。

例 5-12 传递不可变对象示例。

```
def change_value(a):
    a=10
b=2
change_value(b)
print(b)
```

程序执行结果如下。

2

分析：程序首先执行第 3 行语句 b=2,变量 b 指向 int 对象 2(给变量 b 赋值为 2),然后执行第 4 行语句,调用函数 change_value(),按照值传递的方式复制了变量 b,此时变量 a 和 b 指向同一个 int 对象 2,函数体内,语句 a=10,表示新生成一个 int 对象 10,变量 a 指向它。所以执行完函数体返回到主程序执行 print(b)时,b 指向的仍然是 int 对象 2,所以程序执行结果是 2。

例 5-13　传递可变对象示例。

```
def change_ls(mylist):
    mylist.append([1,2])
    print('函数内列表:',mylist)
    return
mylist=['name',2,4]
change_ls(mylist)
print('函数外列表:',mylist)
```

程序运行结果如下。

```
函数内列表: ['name', 2, 4, [1, 2]]
函数外列表: ['name', 2, 4, [1, 2]]
```

分析：因为传递的参数是列表,可变类型对象,则函数体内对列表的改变会影响列表本身。

除此以外,函数调用时,传递的参数还可分为必备参数、关键字参数、默认参数和不定长参数。

(1) 必备参数。必备参数按照位置传递,指调用函数时,实参的个数、顺序和形参从左至右一一对应。

例 5-14　必备参数示例。

```
def std_info(name,age,sex):
    print('name:',name,'age:',age,'sex:',sex)
std_info('Lily',20,'女')
```

程序运行结果如下。

```
name: Lily age: 20 sex: 女
```

3 个实际参数要与函数定义时的形式参数一一对应。

(2) 关键字参数。函数调用使用关键字参数来确定传入的参数值。使用关键字参数允许函数调用时参数的顺序与函数定义时的顺序不一致,因为 Python 解释器能够用参数名匹配设置。

使用关键字进行参数传递,实参要写成"形参=数值"的形式。

例 5-15　关键字参数示例。

```
def std_info(name,age,sex):
    print('name:',name,'age:',age,'sex:',sex)
```

```
std_info(age=20,name='Lily', sex='女')
```

程序运行结果如下。

```
name: Lily age: 20 sex: 女
```

（3）默认参数。在调用函数时如果不指定某个参数，解释器会抛出异常。为了解决这个问题，Python 允许为参数设置默认值，即定义函数时，直接给形式参数指定一个默认值。在调用函数时，如果没有给拥有默认值的形参传递参数，该参数也可以直接使用定义函数时设置的默认值。

注意：默认参数的位置必须在参数列表的最后，否则会出现语法错误。

例 5-16　默认参数示例。

```
def std_info(name,sex,age=20):
    print('name:',name,'age:',age,'sex:',sex)
std_info('Lily','女',23)
std_info('Joe','男')
```

程序运行结果如下。

```
name: Lily age: 23 sex: 女
name: Joe age: 20 sex: 男
```

（4）不定长参数。在实际开发中，用户可能需要一个函数能处理比当初声明时更多的参数，这些参数叫作不定长参数。形式参数定义格式为"＊变量名"，加了＊的变量名会接受所有的位置实参，并将它们保存到一个元组中。

例 5-17　不定长参数示例。

```
def std_info(num, * books):
    for i in books:
        print(i)
    print(num)
std_info(23,'Python','C++')
```

程序运行结果如下。

```
Python
C++
23
```

2. 模块

1）导入模块

要使用模块中的函数，需要导入模块。

导入模块通常使用 import 语句和 from…import 语句两种方法。

import 语句格式如下。

```
import 模块 1[,模块 2[,…模块 n]]
```

程序中使用模块中函数的语句格式如下。

模块名.函数名(<参数列表>)

示例如下。

```
>>> import math
>>> math.sqrt(9)
3.0
```

为了简化,Python 允许给模块取一个别名,语句格式为

import 模块名 as 别名

在引用模块中的函数时,使用别名代替模块名。例如,在导入 turtle 模块时,可以为 turtle 模块取一别名 t,程序中用 turtle 的左转 30°命令时,使用语句 t.left(30)即可,示例如下。

```
>>>import turtle as t
>>>t.left(30)
```

from…import 语句是从模块中导入一个指定的部分到当前的命名空间,语法格式如下。

from 模块名 import name1[,name2[,…nameN]]

程序中使用模块的语句格式如下。

函数名(<参数列表>)

示例如下。

```
>>> from math import sqrt,cos
>>> sqrt(9)
3.0
>>> cos(3)
-0.9899924966004454
```

2) turtle 模块

Python 中提供了丰富的函数库,用于科学计算、机器学习、网络爬虫、Web 框架和图形绘制等,限于篇幅,本书仅选择用于图形绘制的 turtle 模块进行说明。

turtle 模块是 Python 2.6 版本后引入的一个简单的绘图工具,叫作海龟绘图(Turtle Graphics),是一个直观有趣的图形绘制函数库。

turtle 绘图库有一个基本的框架,可以想象在一个二维平面上,原点(x=0,y=0)上有一个小乌龟,通过 import turtle 命令引入 turtle 模块,然后向小乌龟发出诸如前进、后退、左转、右转等爬行命令,小乌龟根据命令在画布上移动,进行图形绘制。turtle 空间坐标系示意图如图 5.8 所示。

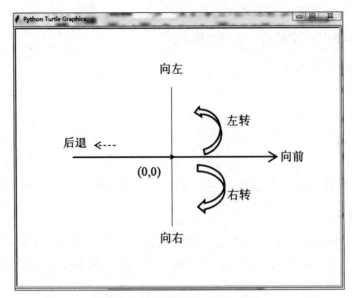

图 5.8　turtle 空间坐标系示意图

操作 turtle 绘图的命令主要分为两类：运动命令和画笔控制命令。turtle 库常见命令如表 5.11 所示。

表 5.11　turtle 库常见命令

运 动 命 令	描 述	画笔控制命令	描 述
forward(d)	向前移动距离 d	down()	画笔落下,移动时绘制图形
backward(d)	向后移动距离 d	up()	画笔抬起,移动时不绘制
right(degree)	向右移动 degree 度	begin_fill()	准备开始填充图形
left(degree)	向左移动 degree 度	end_fill()	填充完成
goto(x,y)	画笔移动到(x,y)	fillcolor(color)	填充图形
stamp()	绘制当前图形	circle(radius,extent)	绘制圆形
speed(speed)	设置画笔速度	pensize(width)	画笔宽度
undo()	撤销上一个动作	pencolor(color)	画笔颜色
setheading(angle)	改变 angle 绝对角度	screensize(w,h)	设置 turtle 窗口的长和宽
		clear()	清空 turtle 窗口

表 5.11 列举的是部分常用 turtle 绘图命令,如果需要详细了解 turtle 命令及其参数的含义,可以借助 help()函数。

使用 help()函数查询 turtle 模块示例如下。

```
>>>import turtle
>>>help(turtle)
```

通过该语句可以详细了解 turtle 模块的各条命令。turtle 命令大多有别名,可以简化程序的编写。例如 backward(),可以写为 bk()。

例 5-18　绘制两个相连的等边三角形。

```
import turtle                          #导入 turtle 模块
turtle.forward(100)                    #前进 100
turtle.left(120)                       #向左旋转 120°
turtle.forward(100)                    #向前移动 100
turtle.left(120)                       #向左旋转 120°
turtle.forward(100)                    #向前移动 100
turtle.setheading(180)                 #改变绝对角度为 180°(x 轴方向)
turtle.forward(50)                     #前进 50
turtle.right(120)                      #向右旋转 120°
turtle.forward(50)                     #前进 50
turtle.right(120)                      #右转 120°
turtle.forward(50)                     #前进 50
```

程序运行结果如图 5.9 所示。

图 5.9　例 5-18 运行结果

例 5-19　turtle 绘制四色螺旋。

```
import turtle as t                      #导入 turtle 模块,取别名为 t
t.speed(0)                              #设置绘制速度
t.pensize(2)                            #设置画笔宽度
colors = ["red", "yellow", "blue", "green"]  #画笔的四种颜色以列表存储
for x in range(1,400):                  #循环绘制
```

```
    t.pencolor(colors[x%4])                    #每循环一次,取 color 列表中的一种颜色
    t.fd(x)                                     #前进 x
    t.lt(91)                                    #左转 91°
t.done()                                        #结束绘制
```

该程序中部分命令使用别名,done()用来停止画笔。程序运行结果如图 5.10 所示。

图 5.10　例 5-19 运行结果

5.2.6　文件操作

Python 和其他编程语言一样具有操作文件的能力,例如打开文件、读取和追加数据、插入和删除数据、关闭和删除文件等。除此以外,Python 还提供了很多模块来实现大量的函数和方法,本书仅简单介绍。

1. 打开文件

一个文件必须在打开之后才能对其进行操作,并且在操作结束后还应将其关闭。

Python 中通过内置的 open()函数打开一个文件,创建一个 file 对象,然后才能对文件进行读写操作。

打开文件的语法格式如下。

```
f=open(文件名[,文件打开模式])
```

其中,f 为引用文件对象的变量,文件打开模式包括只读、写入和追加等,该参数是非强制的,默认方式是只读。open()函数支持的文件打开模式如表 5.12 所示。

表 5.12 open()函数支持的文件打开模式

模式	描 述	备注
r	只读模式打开文件,读文件内容的指针放在文件开头	打开的文件必须存在
rb	以二进制格式采用只读模式打开文件,读文件的指针放在文件开头,一般用于图片、音频等非文本文件	
r+	既可以从头读,也可以从头写入文件内容,写入的新内容覆盖等长的原有内容	
rb+	以二进制读写模式打开文件,指针放在文件开头	
w	以只写模式打开文件,若该文件存在,打开时会清空文件原有内容	若文件存在则清空原有内容,否则创建新文件
wb	以二进制只写模式打开文件,一般用于非文本文件	
w+	打开文件后,清空原有内容,对该文件有读写权限	
wb+	以二进制读写模式打开文件,一般用于非文本文件	
a	以追加模式打开一个文件,对文件只有写入权限,若文件已存在,则指针放在文件末尾;反之,创建新文件	
ab	以二进制格式打开文件,采用追加模式,对文件只有写入权限。如果文件已存在,则指针位于文件末尾;反之,创建新文件	
a+	以读写模式打开文件,如果文件存在,指针放文件末尾;反之,创建新文件	
ab+	以二进制追加模式打开文件,对文件有读写权限,如果文件存在,指针位于文件末尾;反之,创建新文件	

文件打开示例如下:

```
f1=open('test.txt','w')                #以只写模式打开文件 test.txt
```

2. 关闭文件

对文件操作结束后应该关闭文件,Python 中使用 close()方法关闭文件。
关闭文件语法格式如下。

```
f.close()
```

关闭上面打开的文件,示例如下。

```
f1.close()
```

3. 读取文件

文本文件读写方式如下。
(1) read()函数。通过 read()函数逐个字节或字符读取文件中的内容。
使用 read()函数读取文件语法格式如下。

```
f.read([size])
```

size 为可选参数,用于指定一次最多可读取的字符(字节)数,如果省略,则默认一次性读取所有内容。

使用 read()函数读取文件内容,要求 open()函数必须以可读模式(包括 r、r＋、rb、rb＋)打开文件。

假设当前路径下存在文件 file_test.txt,内容如下。

文本第一行
文本第二行
文本第三行
文本第四行

使用 read()函数读取该文件示例如下。

```
>>> f1=open('file_test.txt')
>>> f1.read()
'文本第一行\n 文本第二行\n 文本第三行\n 文本第四行'
```

其中,\n 表示换行符。

```
>>>f1.close()
```

(2) readline()函数。用于读取文件中的一行,语法格式如下。

```
f.readline([size])
```

size 为可选参数,用于指定读取每一行时,一次最多读取的字符(字节)数。与 read()函数一样,该函数读取文件的前提是使用 open()函数打开文件时的模式必须是可读模式。

使用 readline() 函数读取文件 file_test.txt 的一行内容,示例如下。

```
>>> f1=open('file_test.txt')
>>> f1.readline()
'文本第一行\n'
>>> f1.close()
```

(3) readlines()函数。readlines()函数用于读取文件中的所有行,返回一个字符串列表,列表中每个元素为文件的一行内容。语法格式如下。

```
f.readlines()
```

使用 readlines()函数读取 file_test.txt 文件示例如下。

```
>>> f1=open('file_test.txt')
>>> f1.readlines()
['文本第一行\n', '文本第二行\n', '文本第三行\n', '文本第四行']
>>>f1.close()
```

4. 文件写入

使用 write()函数向文件写入指定内容。语法格式如下。

```
f.write(string)
```

string 表示要写入文件的字符串,在使用 write()函数向文件中写入数据时,需要保证使用 open()函数以 r+、w、w+、a 或 a+模式打开文件。

writelines()函数:将字符串列表写入文件中。语法格式如下。

```
f.writelines(sequence)
```

需要注意的是,使用 writelines()函数向文件中写入多行数据时,不会自动给各行添加换行符。

5.3　本章小结

本章主要梳理了 Python 语言的程序要素、数据类型、运算符、流程控制语句、函数与模块以及 Python 中如何操作文件等内容,作为 Python 程序设计语言入门基础。要掌握 Python 的一些高级特性,还需要另外深入学习。

5.4　习　题

1. 简述 Python 中标识符的命名规则。
2. 列举 Python 的基本数据类型。
3. 列举导入模块的语句。
4. 写出如下代码的运行结果。

(1)
```
for i in range(1,10,2):
    print(i,end=' ')
```

(2)
```
for s in "PYTHON":
    if s=='T':
        continue
    print(s,end= "")
```

(3)
```
for s in 'HelloWorld':
    if s=='W':
        break
    print(s,end="")
```

(4)
```
a=5
b=6
c=7
print(pow(b,3)-4*a*c)
```

5. 编程实现如下各题。

(1)输入直角三角形两个直角边的长度,求斜边长度。

（2）打印输出 $1+3+5+\cdots+99$ 的值。

（3）用户输入一个字符串，以回车结束，统计字符串里英文字母、数字字符和其他字符的个数（回车符代表结束，不计入统计）。

（4）鸡兔同笼问题：已知鸡和兔的总数量为 n，总腿数为 m。当输入 n 和 m 后，计算并输出鸡和兔的数目，如果无解，则输出"该问题无解"。编写 func(n,m) 函数实现计算功能，并调用该函数。

参 考 文 献

[1] 易建勋.计算机导论——计算思维和应用技术[M].2版.北京：清华大学出版社,2018.

[2] 申艳光,王彬丽,宁振刚.大学计算机——计算机文化与计算思维基础[M].北京：清华大学出版社,2017.

[3] 李暾.计算思维导论——一种跨学科的方法[M].北京：清华大学出版社,2016.

[4] 杨月江,王晓菊,于咏霞,等.计算机导论[M].2版.北京：清华大学出版社,2017.

[5] 嵩天,礼欣,黄天羽.Python程序设计基础[M].2版.北京：高等教育出版社,2019.

[6] 策勒.Python程序设计[M].3版.王海鹏,译.北京：人民邮电出版社,2018.

[7] 斯维加特.Python编程快速上手——让烦琐工作自动化[M].王海鹏,译.北京：人民邮电出版社,2018.

[8] 赵学军,武岳,刘振晗.计算机技术与人工智能基础[M].北京：北京邮电大学出版社,2020.

[9] 宋斌.大学计算机[M].北京：电子工业出版社,2016.

[10] 薛联凤,章春芳.信息技术教程[M].南京：东南大学出版社,2017.

[11] 张问银,王振海,赵慧.大学计算机思维基础[M].北京：高等教育出版社,2018.

[12] 甘勇,尚展垒,贺蕾.大学计算机基础[M].北京：人民邮电出版社,2018.

图 书 资 源 支 持

感谢您一直以来对清华版图书的支持和爱护。为了配合本书的使用，本书提供配套的资源，有需求的读者请扫描下方的"书圈"微信公众号二维码，在图书专区下载，也可以拨打电话或发送电子邮件咨询。

如果您在使用本书的过程中遇到了什么问题，或者有相关图书出版计划，也请您发邮件告诉我们，以便我们更好地为您服务。

我们的联系方式：

地　　址：北京市海淀区双清路学研大厦 A 座 714

邮　　编：100084

电　　话：010-83470236　010-83470237

客服邮箱：2301891038@qq.com

QQ：2301891038（请写明您的单位和姓名）

资源下载：关注公众号"书圈"下载配套资源。

资源下载、样书申请

书 圈

获取最新书目

观看课程直播